国家卫生健康委员会"十四五"规划教材配套教材
全国高等学校药学类专业第九轮规划教材配套教材

供药学类专业用

U0618844

物理学
实验指导

第 2 版

主　　编　王晨光
副 主 编　石继飞　盖志刚
编　　者　(以姓氏笔画为序)
　　　　　万永刚(齐齐哈尔医学院)
　　　　　王晨光(哈尔滨医科大学)
　　　　　木本荣(成都中医药大学)
　　　　　支壮志(沈阳药科大学)
　　　　　石继飞(内蒙古科技大学包头医学院)
　　　　　杨海波(河北医科大学)
　　　　　张　宇(哈尔滨医科大学)
　　　　　郑海波(福建医科大学)
　　　　　高　杨(牡丹江医学院)
　　　　　盖志刚(山东大学物理学院)
　　　　　梁媛媛(中国人民解放军海军军医大学)
编写秘书　张　宇(哈尔滨医科大学)

人民卫生出版社
·北　京·

图书在版编目（CIP）数据

物理学实验指导 / 王晨光主编 . —2 版 . —北京：人民卫生出版社，2023.10（2025.3重印）

ISBN 978-7-117-35364-9

Ⅰ.①物… Ⅱ.①王… Ⅲ.①物理学－实验－高等学校－教材 Ⅳ.①O4-33

中国国家版本馆 CIP 数据核字（2023）第 185897 号

人卫智网	www.ipmph.com	医学教育、学术、考试、健康，购书智慧智能综合服务平台
人卫官网	www.pmph.com	人卫官方资讯发布平台

物理学实验指导

Wulixue Shiyan Zhidao

第 2 版

主　　编：王晨光

出版发行：人民卫生出版社（中继线 010-59780011）

地　　址：北京市朝阳区潘家园南里 19 号

邮　　编：100021

E - mail：pmph @ pmph.com

购书热线：010-59787592　010-59787584　010-65264830

印　　刷：北京华联印刷有限公司

经　　销：新华书店

开　　本：787 × 1092　1/16　印张：12

字　　数：300 千字

版　　次：2016 年 8 月第 1 版　2023 年 10 月第 2 版

印　　次：2025 年 3 月第 2 次印刷

标准书号：ISBN 978-7-117-35364-9

定　　价：55.00 元

打击盗版举报电话：010-59787491　E-mail：WQ @ pmph.com

质量问题联系电话：010-59787234　E-mail：zhiliang @ pmph.com

数字融合服务电话：4001118166　E-mail：zengzhi @ pmph.com

前　言

依据全国高等学校药学类专业第九轮规划教材修订意见,我们在编写《物理学》(第 8 版)的同时,进行了其配套教材《物理学实验指导》(第 2 版)的编写工作。

本版《物理学实验指导》沿用了上版的编写宗旨,以"简洁、实用"为原则,力求在保证系统性和科学性的同时,最大程度地满足各类开设物理学实验的医药院校教学之用。新的编写团队还在上版基础上对新版教材进行了部分完善和整体扩充,使其内容更加科学、合理,结构更加完善、通用。教材整合了 25 项常规实验题目,其中的 7 项按实验目的或实验方法不同,拆分出几个密切相关的子题目,合计 35 项实验,可供各院校选择使用。教材中所选题目既有传统实验也有一些内容新颖的特色实验,可作为医药相关专业物理学实验课程教学和课程改革的重要参考资料。本教材绪论中还涉及了物理实验基本理论中的测量、误差、有效数字、不确定度以及实验数据处理等内容。全书实验题目分成两部分,基础实验和应用实验。每个实验题目包括"实验目的""实验原理""实验器材""实验步骤""注意事项"和"思考题"等内容。本教材还尽可能规避了所涉及的实验仪器的特定型号及其具体使用说明,保证了其通用性。每个实验的原理在主干教材中都有相应的理论内容对应,其中有15 个典型实验操作视频以二维码链接的形式设定在主干教材对应知识点位置。

物理学实验是各类医药院校药学和临床药学最重要的基础课程之一,本教材适用于高等学校上述专业教学使用,同时也适用于其他药学和医学相关专业教学使用。本书还可供参与大学物理实验教学活动的各类院校广大师生参考使用。

参加本版教材编写的 11 位编者覆盖全国 10 所院校。教材在编写过程中得到了人民卫生出版社以及各位编者所在学校的大力支持,我们在这里表示衷心的感谢!

书中出现错误和不妥之处在所难免,恳请广大读者批评指正。

王晨光

2023年8月

目 录

第一部分 基 础 实 验

第二部分　应 用 实 验

绪 论

第一节 物理学实验在医药类专业的重要地位

物理学是研究物质的基本结构、运动规律以及相互作用的科学，是其他自然科学的基础，也是现代医药学最重要的基础学科之一。物理学实验是物理学研究的基本方法，无论是物理学规律的发现还是理论的建立，都必须严格地以物理学实验为基础。物理学实验在实验的思维、方法、技巧及手段等方面也是各学科实验的基础。

物理学实验的研究成果，在医疗技术和药学研究上已发挥了重要作用。例如医药学中广泛使用的光纤内窥镜技术、激光技术、介入技术、X 射线断层扫描技术、超声波探测、磁共振成像技术、电疗法、心电图检测、心脏灌注显像技术、分光光度计、质谱仪、核磁共振波谱仪、黏度测量技术、旋光仪以及放射线相关技术，都为医学诊断、治疗以及药物分析和制药工程等各方面的重大技术突破作出了难以估量的贡献。

总之，物理学理论和技术在医药领域的广泛应用极大地推动了现代医药学的发展，物理学实验也在医药学发展中占据重要地位。

第二节 物理学实验的目的和要求

一、实验目的

物理学实验是系统化地对大学生进行实验方法和技术训练的开端。物理学实验与物理学在大学生素质教育中具有同等重要的作用。实验与理论相互依存、不可分割，又相互促进。

1. 通过实验训练可以使学生掌握物理学实验的基本方法、基本知识和基本技能。熟悉基本测量仪器的使用方法和常用的数据处理方法，并初步认识误差的有关知识和减小误差的方法，为后续其他实验课程的学习和今后的工作奠定良好的实验基础。在实验过程中要创造更多的使用和熟悉物理仪器的机会，尽可能做到熟练操作，为医药学专业学生掌握复杂的医疗仪器设备的使用方法打下坚实的基础。

2. 在加深对物理现象的理论阐释和规律分析的同时，锻炼学生用物理模型解决实际问题的逻辑思维能力。通过对实验方法和理论知识的学习，进行创新性地思考，并能将收获应用到实际生活中，做到举一反三。

3. 通过物理学实验的教学，以期充分发挥学生的主观能动性，重点培养学生独立工作的能力和严谨认真的工作作风。

二、实验要求

1. 课前预习　预习是学生自主对实验内容和操作进行的必要准备。为此,要求学生在实验前必须认真阅读实验的相关参考资料或者通过在线课程平台学习实验课件和视频,明确实验目的、实验原理和实验内容,了解仪器的构造、操作方法和注意事项,在此基础上抓重点进行批注,并对难点有清晰的认知。提前准备好一个实验记录的记录本,预先写好测量公式、测量步骤,画好电路图、光路图、数据表格等实验所需要的图表,以备上课时使用。测量步骤应简明扼要、思路清晰,数据记录表格的设计要清晰、明确、简洁、规范。正式实验前进行相关理论、操作、方法等的预习是后续实验顺利进行的重要保障。

2. 实验操作　实验前,了解和遵守实验室的规章制度,首先要检查仪器设备,看其是否完备、齐全,如有问题,应向指导教师提出。然后记录主要仪器的名称、型号、规格和编号,仔细阅读仪器说明书或仪器使用时的注意事项,在教师指导下按指定步骤正确组装和调试仪器,爱护仪器设备,还要注意满足测量公式所要求的实验条件,不要盲目操作。

实验时,学生应根据实验场所的环境和实验所需的器材,正确合理地安排好各种装置的位置。实验材料不能随意摆放,减少人为故障,使实验准确、无误、顺利地进行。应多思考,头脑里要有清晰的物理图像,对实验原理有比较透彻的理解,知道每一步实验步骤的目的,对实验中出现的各种现象要仔细观测。在观察、测量时,要做到正确规范读数,将原始数据如实记录在事先准备好的表格中,真实记录原始数据是取得正确实验结果的重要前提。对原始实验数据一定要实事求是地进行记录,字迹要清楚、整洁。要用钢笔或圆珠笔将原始数据、实验环境的温度、所使用仪器的名称、编号等准确无误地记在事先设计好的表格上。若出现异常数据,必须增加测量次数,如果确定是错误数据,应轻轻划上并注明原因,在旁边写上正确数值,使正、误数据都能清晰可辨,以供在分析测量结果时参考。原始数据绝不能随意更改,对实验得到的数据要想一想是否合乎物理规律,分析可能出错的原因,找到改进措施,杜绝数据造假。实验中不要只是机械地按实验步骤一步一步做完就算完成实验,这样只会让一次实验完成后依旧一无所获。在实验过程中,学生的思想状态应该是积极主动的。主动思考和分析问题,将会有很大收获。实验时要做到准确、熟练、快速,有意识地进行实验方法和技术训练,培养和锻炼自己的动手能力。若实验中遇到故障时要积极思考,在教师指导下学习排除故障的方法,要注意学习教师是如何判断仪器故障,又是如何修复仪器的。养成良好的实验习惯是培养学生综合素质的重要组成部分。

实验结束时,将实验数据交给指导教师审阅签字,整理还原仪器,完成实验室的清洁后方可离开实验室。

3. 实验报告　实验报告是对一个实验系统且全面的总结,学生撰写实验报告的能力是其以后进行科学实验和撰写论文的基础。为了培养和训练学生以书面形式总结工作或报告科学成果的能力,实验后要对实验数据及时处理并撰写实验报告。要细心且真实地对实验数据进行整理和计算,对结果加以分析,并在此基础上写出实验报告。实验报告应包括但不限于以下几方面内容。

(1)实验题目。

(2)实验目的。

(3)实验原理(包括原理公式,测量原理图等)。

（4）实验器材和试剂（仪器的名称、型号和用途，试剂的浓度等）。

（5）实验步骤及注意事项。

（6）实验数据及其处理（如所测量数据、实验结果的计算、误差的计算等）。

（7）结果分析。

（8）记录实验室的环境条件（如室温、气压等）。

（9）思考题（如实验误差分析，实验结果正常或反常情况分析及讨论等）。

实验报告要思路清晰、字迹清楚、图表正确、数据完备和结论明确。要用指定的实验报告用纸并按规定的格式书写实验报告，需准确、完整而简明地表述实验原理和步骤。学生可以在思考题部分提出在实验中自己感兴趣的任何问题，也可以对实验的教学内容和教学方法提出建议。

第三节　测量、实验误差与数据处理

物理实验是探索物理量之间的内在联系，从中获得规律性的认识，或验证理论，或发现规律。要想得到定量化的认识，就必须进行科学的测量，正确地记录和处理实验数据。由于测量仪器的精度限制、测量环境的不理想以及测量者的实验技能等诸多因素的影响，所有测量都只能做到相对准确，估算并分析误差是科学实验过程中极为重要的组成部分。本节主要介绍测量与误差、误差处理、有效数字等基本知识。

一、测量与误差

（一）测量及其分类

选定待测对象，同时确定同类标准单位量，然后待测对象与标准单位量进行比较，这就是测量。测量的方法有很多，有比较法、转换测量法、模拟法、线性放大法等等。无论采用哪种方法测量，都可将其按照测量方式分为直接测量和间接测量。

1. 直接测量　直接从测量仪器或量具上测出（读出）被测数值的测量，称直接测量。例如用天平测质量，用伏特计测电压，用电流表测电路中的电流，用秒表测时间等都是直接测量。直接测量的数据称为读数或原始数据，它是测量的原始依据。在实验中，原始数据必须边测量边记录，保证原始数据的真实性，不得事后补记。

2. 间接测量　一些物理量没有直接测量的仪器，需要根据相关需要将直接测量的量根据相关的物理原理以及公式进行推算，从而得到测量结果，这种方法称为间接测量。例如，测量物体所受重力时，则需先测出物体质量 m，再由公式 $G = mg$（重力常数 $g = 9.8\text{N/kg}$）计算得到；测量圆柱体的体积时，先测出圆柱体的高度 h，直径 d，再由体积公式 $V = \dfrac{\pi d^2 h}{4}$ 计算出圆柱体的体积。

按照测量条件又可将测量分为等精度测量和非等精度测量。

3. 等精度测量　实验中对同一待测量，用同一仪器（或精度相同的仪器），在同一条件下进行的多次测量称为等精度测量。例如，用同一个游标卡尺以同样的方法对同一个圆柱体的直径进行多次测量，每次测量的可靠程度相同，这些测量就是等精度测量。

4. 非等精度测量　对待测物体进行多次测量的过程中，测量条件完全不同或者部分不同，这样的测量称为非等精度测量。例如，用不同分度值的尺子测量同一物体的长度，每次测量结果的可靠度也就不同,这些测量就是非等精度测量。

值得注意的是,只有对待测对象进行等精度测量所得数值才能进行误差计算。

(二) 测量的误差及其分类

一定条件下,任何物质固有属性的物理量都存在确定的客观真实数值,称为真值,实际测得的量称为测量值。实验数据的测量受到实验理论的近似性、测量器材灵敏度和分辨能力、测量条件的不稳定性以及测量者的实验技能等多种因素的影响,测得的结果只能准确到一定程度,即测量只能确定出最佳值。真值是一个理想的概念,它是不可能确切测得的。

测量结果与客观存在的真值之间的差异称作测量误差,简称误差。实验证明,误差自始至终存在于一切科学实验和测量的过程中,任何一个物理量的测量都一定会存在误差。

测量中的误差主要分为两类,系统误差和偶然误差。

1. 系统误差   在多次重复测量时,每次的测量中都具有大小一定、符号一定,或按照一定规律变化的测量误差分量,这种误差称为系统误差。系统误差主要来源于仪器本身的缺陷、仪器未经过很好的校准、定理或公式本身不够严密或实验方法粗糙、测量时外部条件的改变、实验者技术不够熟练等。减小和消除系统误差是个复杂的问题,某些情况下可以通过对测量引入修正值和选择适当的测量方法等途径加以消除或尽可能减少。

2. 偶然误差   对待测物在同一测量条件下多次重复测量时,误差出现的数值和正负号没有明显规律。这种误差是许多不可预测的偶然因素造成的,称作偶然误差,又称随机误差。偶然误差是由实验中各因素微小变化引起的,例如测量时外界温度或湿度的微小起伏,实验装置在各次测量调整操作上的变动,杂散电磁场的干扰等不可预测的随机因素的影响,致使每次的测量值围绕着平均值发生有涨落的变化。偶然误差就某一次测量值来说是没有规律的,其大小和方向都不能预知,但对一个量进行多次重复测量时,偶然误差服从某种统计规律,并且正、负误差出现的机会相等。因此,增加重复测量的次数可以减少偶然误差。

必须强调的是,误差与测量中的错误是根本不同的。测量中的错误是实验者在测量、记录或计算时读错、记错、算错或实验设计错误、操作不当等原因造成的。测量中的错误不是误差,它完全可以且必须避免。

(三) 对测量结果的评价以及精确度、正确度、精密度三者之间的关系

对测量结果作总体评定时,一般把系统误差和偶然误差联系起来。为了反映测量结果中误差的大小程度,可以通过正确度、精密度和精确度来评价测量结果。

1. 正确度   正确度表示测量结果中系统误差大小的程度。它是指测量值或者实验所得结果与真值符合的程度,即描述测量值接近真值的程度。

2. 精密度   精密度表示测量结果中偶然误差大小的程度。它是指在同一条件下对同一待测对象进行重复测量时,各测量值之间的接近程度。因此,在测量中偶然误差越大,则多次重复测量同一被测对象所得的各次测量值相互之间的偏离也越大,即越分散,表明测量值的精密度越低。

3. 精确度   精确度又称精度,是测量结果中系统误差和偶然误差的综合。用它来描述测量结果的重复性以及与真值的接近程度。精确度包含了正确度和精密度两方面的含义。只有当系统误差和偶然误差都小时,才能认为精确度高。

以打靶时弹着点的分布情况来形象地说明正确度、精密度两者之间的区别。如绪论图 1 所示,图中(a)显示弹着点集中,表示精密度高,即偶然误差小,但位置不正,所有弹着点均离靶心较远,表示有一较大的系统误差,正确度低;(b)显示弹着点较分散,表示精密度不如

(a),但所有弹着点都在靶心附近,表示正确度较(a)高,即系统误差较(a)小;(c)显示所有弹着点都集中于靶心,表示精密度和正确度都高,即偶然误差和系统误差均小,精确度高。

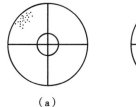 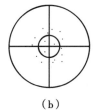 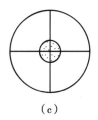

（a） （b） （c）

（a）正确度低,精密度高;(b)正确度高,精密度低;(c)正确度和精密度都高。

绪论图 1 正确度和精密度的形象描述

二、系统误差的修正

在许多情况下,系统误差常不能明显地表现出来,然而它却是影响测量结果精确度的主要因素。因此,找出系统误差并设法修正它或消除它的影响是误差分析的一个重要内容。实验时可以通过找到产生系统误差的根源、对测量结果引入修正值、选用适当的测量方法等使系统误差被抵消,从而不将其带入测量结果之中。

三、偶然误差的估计及测量结果的表示

实验中偶然误差不可避免,也不可能消除,但可以根据随机误差的理论来估算其大小,从而减小偶然误差。下面为简化起见,假设系统误差减小到可以忽略,讨论偶然误差的处理方法。

(一) 直接测量的误差

1. 单次直接测量偶然误差的估计　在实验过程中,有时由于条件不允许或测量精度要求不高,常只对待测对象测量一次并估计误差。估计误差要根据仪器精度以及测量条件来确定。一般来说,可取仪器误差作为单次测量的最大误差。没有注明仪器误差的仪器,可取仪器最小分度的一半作为本次测量误差。例如用直尺测量物体的长度,直尺的最小分度为1mm 时,误差可取 0.5mm。从教学角度看,只做一次测量的误差值,可根据实验的不同情况以及学生实验技巧的高低来具体对待。

2. 多次测量偶然误差的估计

(1)以算术平均值代表测量结果:偶然误差在测量次数足够多的情况下服从统计规律,即测量值比真值大的概率和比真值小的概率几乎相等。在操作方法正确的情况下,各次测量的结果都应在真值附近。

在实际测量中,设被测量的真值为 n,测量次数为 k。当 k 为有限值时,各次测量值分别为 $N_1,N_2,\cdots\cdots,N_k$,则各次测量值与真值之差分别为:

$$\Delta n_1 = N_1 - n \ , \ \Delta n_2 = N_2 - n \ , \ \cdots\cdots, \ \Delta n_k = N_k - n$$

根据前面的分析,这些差值有正有负,当 $k \to \infty$ 时

$$\lim_{k \to \infty} (\Delta n_1 + \Delta n_2 + \cdots\cdots + \Delta n_k) = 0 \qquad 式(0\text{-}1)$$

$$\overline{N} = \lim_{k \to \infty} \frac{N_1 + N_2 + \cdots\cdots + N_k}{k} \qquad 式(0\text{-}2)$$

其中，$\bar{N}$ 表示次数为 k 时的算术平均值。

测量的次数越多，表明测量值的算术平均值就越接近于真值。即

$$\bar{N} = \frac{1}{k}\sum_{i=1}^{k}N_i = \frac{1}{k}(N_1 + N_2 + \cdots\cdots + N_i) \qquad \text{式(0-3)}$$

（2）标准误差：根据误差的定义可知真值不能确定，因此误差也只能估计。估计偶然误差的方法有很多种，最常用的是用标准误差来表示偶然误差。

设对某一物理量在测量条件相同的情况下进行 k 次无明显系统误差的独立测量。用测量值算术平均值 $\bar{N}$ 来表示测量结果。每一次测量值 N_i 与 $\bar{N}$ 之差称为偏差，记为：

$$\Delta N_i = N_i - \bar{N} \quad i=1,2,\cdots,k \qquad \text{式(0-4)}$$

显然每次测量的偏差有正、有负、有大、有小，因而常用"方均根"对它们进行统计，得到的结果就是单个测量值的标准误差，用 σ 表示：

$$\sigma = \sqrt{\frac{\sum_{i=1}^{k}(N_i - \bar{N})^2}{k-1}} \qquad \text{式(0-5)}$$

k 次测量结果的平均值 $\bar{N}$ 的标准误差 $\sigma_{\bar{N}}$

$$\sigma_{\bar{N}} = \frac{\sigma}{\sqrt{k}} = \sqrt{\frac{\sum_{i=1}^{k}(N_i - \bar{N})^2}{k(k-1)}} \qquad \text{式(0-6)}$$

式(0-6)表示多次测量减小了偶然误差。

（3）算术平均误差：算术平均误差常用于误差分析，实验设计或进行粗略的误差计算。

$$\delta_N = \frac{1}{n}\sum_{i=1}^{k}|\delta_{N_i}| \qquad \text{式(0-7)}$$

式(0-7)中，$\delta_{N_i} = N_i - \bar{N}$。

（二）间接测量的误差计算

直接测量结果的误差对间接测量结果的影响的大小可以由相应的数学公式计算出来。表达各直接测量结果的误差与间接测量结果的误差之间的关系式称为误差传递公式。

1. 误差传递的基本公式　设间接测得量的数学表达式为

$$N = f(x,y,z,\cdots) \qquad \text{式(0-8)}$$

其中 $x,y,z,\cdots$ 为独立的物理量（直接测得量）。对式(0-8)求全微分，有

$$\mathrm{d}N = \frac{\partial f}{\partial x}\mathrm{d}x + \frac{\partial f}{\partial y}\mathrm{d}y + \frac{\partial f}{\partial z}\mathrm{d}z + \cdots\cdots \qquad \text{式(0-9)}$$

把 $\mathrm{d}N, \mathrm{d}x, \mathrm{d}y, \mathrm{d}z\cdots$ 看作误差，式(0-9)就是误差的传递公式。当 $x,y,z\cdots$ 有微小改变 $\mathrm{d}x, \mathrm{d}y, \mathrm{d}z\cdots$ 时，N 改变 $\mathrm{d}N$，通常误差远小于测量值。有时把式(0-8)取对数后，再求全微分，有

$$\ln N = \ln f(x,y,z,\cdots) \qquad \text{式(0-10)}$$

$$\frac{\mathrm{d}N}{N} = \frac{\partial \ln f}{\partial x}\mathrm{d}x + \frac{\partial \ln f}{\partial y}\mathrm{d}y + \frac{\partial \ln f}{\partial z}\mathrm{d}z + \cdots \qquad \text{式(0-11)}$$

式(0-9)和式(0-11)即为误差传递的基本公式。式(0-9)中的 $\frac{\partial f}{\partial x}\mathrm{d}x, \frac{\partial f}{\partial y}\mathrm{d}y$ 等项及式(0-11)

中的 $\dfrac{\partial \ln f}{\partial x}\,dx$，$\dfrac{\partial \ln f}{\partial y}\,dy$ 等项称为分误差，$\dfrac{\partial f}{\partial x},\dfrac{\partial f}{\partial y}$ 及 $\dfrac{\partial \ln f}{\partial x}$，$\dfrac{\partial \ln f}{\partial y}$ 等项称为误差的传递系数。由此可见，各物理量的测量误差对于总误差的贡献，不仅取决于其本身误差的大小，还取决于误差传递系数。

2. 偶然误差的传递与合成　由各部分的分误差合成的总误差，就是误差的合成，误差的传递公式(0-9)、式(0-11)包含了误差的合成。

各个独立量测量结果的偶然误差，是以一定方式合成的。如果用标准误差代表偶然误差，它们的合成方式是方和根合成，根据式(0-9)及式(0-11)有

$$\sigma_N = \sqrt{\left(\dfrac{\partial f}{\partial x}\right)^2 \sigma_x^2 + \left(\dfrac{\partial f}{\partial y}\right)^2 \sigma_y^2 + \left(\dfrac{\partial f}{\partial z}\right)^2 \sigma_z^2 + \cdots} \qquad 式(0\text{-}12)$$

$$\dfrac{\sigma_N}{N} = \sqrt{\left(\dfrac{\partial \ln f}{\partial x}\right)^2 \sigma_x^2 + \left(\dfrac{\partial \ln f}{\partial y}\right)^2 \sigma_y^2 + \left(\dfrac{\partial \ln f}{\partial z}\right)^2 \sigma_z^2 + \cdots} \qquad 式(0\text{-}13)$$

常用函数的标准误差传递公式如绪论表 1 所示。

绪论表 1　常用函数的标准误差传递公式

函数表达式	标准误差传递（合成）公式
$N = x + y$	$\sigma_N = \sqrt{\sigma_x^2 + \sigma_y^2}$
$N = x - y$	$\sigma_N = \sqrt{\sigma_x^2 + \sigma_y^2}$
$N = x \cdot y$	$\dfrac{\sigma_N}{N} = \sqrt{\left(\dfrac{\sigma_x}{x}\right)^2 + \left(\dfrac{\sigma_y}{y}\right)^2}$
$N = \dfrac{x}{y}$	$\dfrac{\sigma_N}{N} = \sqrt{\left(\dfrac{\sigma_x}{x}\right)^2 + \left(\dfrac{\sigma_y}{y}\right)^2}$
$N = \dfrac{x^k y^m}{z^n}$	$\dfrac{\sigma_N}{N} = \sqrt{k^2\left(\dfrac{\sigma_x}{x}\right)^2 + m^2\left(\dfrac{\sigma_y}{y}\right)^2 + n^2\left(\dfrac{\sigma_z}{z}\right)^2}$
$N = kx$	$\sigma_N = k\sigma_x, \dfrac{\sigma_N}{N} = \dfrac{\sigma_x}{x}$
$N = \sqrt[k]{x}$	$\dfrac{\sigma_N}{N} = \dfrac{\sigma_x}{kx}$
$N = \sin x$	$\sigma_N = \lvert \cos x \rvert \sigma_x$
$N = \ln x$	$\sigma_N = \dfrac{\sigma_x}{x}$

由此可见，加减法运算用绝对误差平方和计算误差，乘、除法运算用相对误差平方和计算误差，按最不利因素，都取正号。归纳起来求间接测量结果误差（标准误差的方和根合成）的步骤为：

(1) 对函数求全微分（或先取对数再求全微分）。

(2) 合并同一变量的系数。

（3）用标准误差代替微分项，求平方和。

科学实验中一般都采用方和根合成法来估计间接测量结果的偶然误差。如果系统误差是主要的，且其符号又不能确定，则不必区分系统误差和偶然误差，或假定偶然误差是在极端条件下合成的，将对式(0-9)和式(0-11)中各项取绝对值相加，即

$$\Delta N = \left|\frac{\partial f}{\partial x}\right|\Delta x + \left|\frac{\partial f}{\partial y}\right|\Delta y + \left|\frac{\partial f}{\partial z}\right|\Delta z + \cdots\cdots \qquad \text{式}(0\text{-}14)$$

$$\frac{\Delta N}{N} = \left|\frac{\partial \ln f}{\partial x}\right|\Delta x + \left|\frac{\partial \ln f}{\partial y}\right|\Delta y + \left|\frac{\partial \ln f}{\partial z}\right|\Delta z + \cdots\cdots \qquad \text{式}(0\text{-}15)$$

这种方法是误差的算术合成法，常用在误差分析、实验设计或进行粗略的误差计算。常用函数的算术合成误差传递公式如绪论表2所示：

绪论表2　常用函数的算术合成误差传递公式

函数表达式	误差合成(传递)公式
$N = x + y$	$\Delta N = \Delta x + \Delta y$
$N = x - y$	$\Delta N = \Delta x + \Delta y$
$N = x \cdot y$	$\dfrac{\Delta N}{N} = \dfrac{\Delta x}{x} + \dfrac{\Delta y}{y}$
$N = \dfrac{x}{y}$	$\dfrac{\Delta N}{N} = \dfrac{\Delta x}{x} + \dfrac{\Delta y}{y}$
$N = \dfrac{x^k y^m}{z^n}$	$\dfrac{\Delta N}{N} = k\dfrac{\Delta x}{x} + m\dfrac{\Delta y}{y} + n\dfrac{\Delta z}{z}$
$N = kx$	$\Delta N = k\Delta x, \dfrac{\Delta N}{N} = \dfrac{\Delta x}{x}$
$N = \sqrt[k]{x}$	$\dfrac{\Delta N}{N} = \dfrac{\Delta x}{kx}$

公式中每一项都取正值。加、减法运算用绝对误差相加先计算间接量的绝对误差较为方便，而乘、除法运算则用相对误差相加先计算间接量的相对误差较为方便。

（三）包含误差的测量结果表示

利用任何量具或仪器进行测量时，总会存在误差，测量结果总是不可能准确地等于被测量的真值，而只能是它的近似最佳值。测量的质量高低以测量精确度为指标，根据测量误差的大小来估计测量的精确度。测量结果的误差越小，则认为测量就越精确。

1. 绝对误差　测量结果一般可写成 $N \pm \Delta N$，式中 N 是测量值，它可以是一次测量值，也可以是多次测量的平均值 $\bar{N}$，ΔN 是绝对误差。对多次测量的结果，一般用 $\bar{N} \pm \sigma_{\bar{N}}$ 代表 $N \pm \Delta N$。例如：测得长度为 L=7.04cm ± 0.06cm，它并不表示 L 只有 7.04+0.06=7.10cm 和 7.04-0.06=6.98cm 两个值，而是表示 L 在 7.04cm 附近正、负 0.06cm 的范围内包含真值的一定的可能性（概率）。因此，不排除多次测量中有部分测量值在 $N \pm \Delta N$ 以外。不同的估计方法得到的 ΔN 表示在 $N \pm \Delta N$ 范围内包含真值的不同概率；或者说对于不同的置信度，ΔN 的大小是不同的。绝对误差虽然能够反映一些测量的精度，但不是评定测量结果优劣的唯一标准。

2. 相对误差　衡量某一测量值的准确程度,一般用相对误差来表示。测量值的绝对误差 ΔN 与被测量的实际值 N 的百分比值称为实际相对误差。例如测量某物体长度的平均值为 1.000m,绝对误差为 1mm,测另一物体长度的平均值为 1.0cm,绝对误差也为 1mm。但误差对于平均值的百分比,前者小于后者,显然前者测量的准确程度高于后者。为此引入相对误差的概念,用 E 来表示

$$E = \frac{\Delta N}{N} \times 100\% \left(\text{即等于} \frac{\sigma}{N} \text{或} \frac{\sigma_{\bar{N}}}{N} \times 100\% \right)$$　　　　式(0-16)

有时被测量的量有公认值或理论值,则用百分误差加以比较

$$\text{百分误差} = \frac{|\text{测量值} - \text{理论值}|}{\text{理论值}} \times 100\%$$　　　　式(0-17)

相对误差与绝对误差之间的关系是

$$\Delta N = N \times E = N \times \frac{\Delta N}{N}$$　　　　式(0-18)

考虑到相对误差,测量结果应表示为

$$N' = N \pm \Delta N = N(1 \pm E)$$　　　　式(0-19)

则多次测量结果表示为

$$N = \bar{N} \pm \sigma_{\bar{N}} = \bar{N}\left(1 \pm \frac{\sigma_{\bar{N}}}{\bar{N}}\right) = \bar{N}(1 \pm E)$$　　　　式(0-20)

一般情况下相对误差可取两位有效数字。

将多组测量值的绝对误差和相对误差分别求得平均值,会得到平均绝对误差和平均相对误差两个概念。平均相对误差和平均绝对误差是对测量结果中误差的补充描述。其中,平均相对误差(E/N)是判断、比较、改进各种测量手段的主要依据,其可以有效评价各种测量精度的优劣程度。

由误差传递公式可以看出,间接测量量为和、差的函数时,应先计算绝对误差,而当间接测量量为积、商的函数时,应先计算相对误差,这将给误差计算带来很大的方便。

例1　用单摆测定重力加速度的公式为 $g = \frac{4\pi^2 l}{T^2}$,今测得 $T = (2.000 \pm 0.002)$s, $l = (100.0 \pm 0.1)$cm。试求重力加速度 g 及其标准误差 σ_g 与相对误差 E_g。

解:已知,$g = \frac{4\pi^2 l}{T^2}$

按误差传递公式,g 的标准误差为:

$$\sigma_g = \sqrt{\left(\frac{\partial g}{\partial T}\right)^2 \sigma_T^2 + \left(\frac{\partial g}{\partial l}\right)^2 \sigma_l^2} = \sqrt{\left(-\frac{8\pi^2 l}{T^3}\right)^2 \sigma_T^2 + \left(\frac{4\pi^2}{T^2}\right)^2 \sigma_l^2}$$

$$= \sqrt{\frac{16\pi^4}{T^4}\left(\frac{4l^2}{T^2}\sigma_T^2 + \sigma_l^2\right)} = \frac{4\pi^2}{T^2}\sqrt{\frac{4l^2}{T^2}\sigma_T^2 + \sigma_l^2}$$

$$= \frac{4 \times 3.142^2}{2.000^2}\sqrt{\frac{4 \times 100.0^2}{2.000^2} \times 0.002^2 + 0.1^2} = 2.2\,\text{cm/s}^2$$

$$g = \frac{4\pi^2 l}{T^2} = \frac{4 \times 3.142^2 \times 100.0}{2.000^2} = 987.2\,\text{cm/s}^2$$

因此,g 的测量结果应表示为

$$g = (987 \pm 3)\,\mathrm{cm/s^2}$$

g 的相对误差为

$$E_g = \frac{\sigma_g}{g} \times 100\% = \frac{2.2}{987.2} \times 100\% = 0.22\%$$

四、电学测量的仪表误差

在进行电气测量时,由于测量仪器的精度及人主观判断的局限性,无论怎样测量或用什么测量方法,都会存在误差。电学测量的仪表误差主要来源于仪表存在的系统误差、操作人员由于自身的问题而存在的误差、仪表的完善程度产生的误差、检测方法产生的误差以及仪表的安装是否合理,是否调试正常等。由于仪器的完善程度产生的误差称为仪表的基本误差,本部分内容主要讨论仪表的基本误差。设仪表刻度的任一标称值为 N_i,其与真值间的绝对误差为 ΔN_i,其中误差最大者为 ΔN_m。用 N_m 表示仪表刻度尺的满刻度读数(等于量程),则仪表的基本误差 α 记为

$$\alpha = \frac{\Delta N_m}{N_m} \times 100\% \qquad \text{式}(0\text{-}21)$$

仪表的基本误差是划分仪表准确度等级的依据。国家规定的准确度分为 0.1 级、0.2 级、0.5 级、1 级、1.5 级、2.5 级、5.0 级七级。这些相应的等级数字表示仪表的基本误差。例如,0.1 级仪表的基本误差为 0.1%,2.5 级仪表的基本误差为 2.5%。

在使用电学仪表时,最大误差范围 ΔN_m 可由式(0-21)得出

$$\Delta N_m = N_m \cdot \alpha \qquad \text{式}(0\text{-}22)$$

式(0-22)中,N_m 为选择的量程,α 由仪表等级确定。

测量的相对误差 E 也可求出。设量程为 N_m,某次测量值为 N_i,最大绝对误差为 ΔN_m,则相对误差为:

$$E = \frac{\Delta N_m}{N_i} = \frac{\Delta N_m}{N_i} \cdot \frac{N_m}{N_m} = \frac{\Delta N_m}{N_m} \cdot \frac{N_m}{N_i} = \alpha \cdot \frac{N_m}{N_i} \qquad \text{式}(0\text{-}23)$$

从式(0-23)可以看出,相对误差与仪表的准确度级别 α 及量程大小成正比,与待测量的大小成反比。除了尽量选择准确度高的仪表外,在不超过最大测量值的前提下,尽量选择较小的量程来减小测量的误差。这里应强调选择量程的重要性,在仪表级别已确定的情况下,量程选择过小容易损坏电表,量程选择过大又会使测量误差增大,两者必须兼顾。

一旦仪表的量程确定后,就涉及如何从仪表上读取测量原始数据的问题。关键是如何确定有效数字的可疑位(有效数字的问题下面会讲到)。其方法是:先由式(0-22)求出最大绝对误差 ΔN_m,再确定有效数字的可疑位及相对误差。

例 2 准确度级别为 0.1 级的万用电表,量程为 10V,仪表指示数为 8.26V,求其绝对误差、最后的读数及相对误差;如果万用电表的准确度级别为 1 级,量程和仪表的指示数均不变,能如何呢?

解:绝对误差 $\Delta N_m = N_m \cdot \alpha = 10\mathrm{V} \times 0.1\% = 0.01\mathrm{V}$
由此可确定读数的可疑位在百分位上,读数为 8.26V。

相对误差　$E = \dfrac{\Delta N_m}{N_i} = \dfrac{0.01}{8.26} = 0.12\%$

测量结果　$U = (8.26 \pm 0.01)\text{V}$。

若仪表的准确度级别为 1 级,则 $\Delta N_m = N_m \cdot \alpha = 10\text{V} \times 1\% = 0.1\text{V}$ 读数的可疑位在十分位,因而不能读 8.26V,而应读作 8.3V。

相对误差　$E = \dfrac{\Delta N_m}{N_i} = \dfrac{0.1}{8.3} = 1.2\%$

测量结果　$U = (8.3 \pm 0.1)\text{V}$。

以上的计算表明,在仪表的指示数及量程均相同的条件下,仪表的级别不同,测量结果的可疑位、误差及最后读数均不相同。

五、有效数字及其运算

(一) 有效数字的概念

在实验过程中,该用几位有效数字来表示测量或计算结果,总是以一定位数的数字来表示。不是说一个数值中小数点后面位数越多越准确。实验中从测量仪器上所读数值的位数是有限的,而取决于测量仪器的精度,其最后一位数字往往是仪器精度所决定的估计数字。即一般应读到测量仪表最小刻度的十分之一位。例如用直尺测某物体的宽度,测得的值在 8.5cm 和 8.6cm 之间,如果进一步精确,就要在 0.1cm 以下进行估测读数。例如估测的读数为 8.56cm,最后一位的 "6" 是操作人员肉眼估测的读数。对于不同的实验操作人员来说估计的数值也不一定相同,显然这最后一位读数不够准确。因此这个末位数就是可疑的数字,这一位称可疑位,或称欠准确位,低于可疑位的数字是无意义的,要四舍五入。直接测量数据的可疑位就是仪器最小分度的下一位。

综上所述,把测量的数据记录到可疑位为止,这样的数据称为有效数字。直接测量的有效数字决定于测量仪器的精度,有效数字的位数不能随意增减。

确定有效数字的位数时应注意的事项:

1. 有效数字与 "0" 的关系　数字当中的 "0" 和末位的 "0" 都是有效数字,数字前面的 "0" 不记为有效数字。例如 0.037 010 的有效数字是 5 位,而数字 1.037 010 的有效数字却是 7 位。

2. 有效数字的位数与单位换算无关　进行单位换算不能改变有效数字的位数。例如,1 500mm=150.0cm=1.500m;7 530mA=7.530A,均为四位有效数字,再如,3km ≠ 3 000m,前者是 1 位有效数字,后者是 4 位有效数字。正确的应该是 $3\text{km} = 3 \times 10^3\text{m}$。

3. 较大数和较小数的有效数字用科学记数法表示　例如,$0.013\ 8\text{cm} = 1.38 \times 10^{-2}\text{cm}$。

(二) 有效数字与误差的关系

在物理实验中,根据测量次数,绝对误差一般只取一位有效数字,相对误差取两位有效数字。由于有效数字的最后一位是含有误差的,因此,确定测量结果有效数字位数的原则是:最后一位要与绝对误差所在的一位取齐。例如,电流 $I = (3.50 \pm 0.02)\text{A}$ 的记录是正确的,$I = (3.5 \pm 0.02)\text{A}$ 的记录是错误的。要确定测量结果的有效数字位数,首先应确定绝对误差的大小,然后按上述原则来判断。例如,某电流表最小分度为 0.01A,由于绝对误差为最小分度值的 1/10,因而应在小数点后第三位,测量时如果表针正好指在 1A 的刻度上,测量值应写成 1.000A。写成 1A、1.0A、1.000 0A 等都是错误的。

有效数字与相对误差也有一定的关系。大体上说,有效数字位数越多,相对误差越小。两位有效数字,相对误差大约是 1/100~1/10,三位有效数字,相对误差大约是 1/1 000~1/10,以此类推。

有效数字不但反映了测量值的大小,而且反映了测量的准确程度。有效数字的位数越多,测量的准确度就越高。例如,用不同精度的量具,测量同一物体的厚度 d 时,用最小分度为 1mm 的钢尺测量,$d=6.2mm$,仪器误差为 0.1mm,相对误差 $E=0.1/6.2=1.6\%$;用 50 分度的游标卡尺测量 $d=6.36mm$,仪器误差为 0.02mm,$E=0.02/6.36=0.31\%$;用螺旋测微计测量 $d=6.347mm$,仪器误差为 0.001mm,$E=0.001/6.347=0.016\%$;由此可见有效数字多一位,相对误差 E 差不多要小一个数量级。

(三) 有效数字的运算规则

在实验中大多数遇到的是求间接测量的物理量,因而不可避免地要加以各种运算,有可能会出现参与运算的分量其有效数字位数不相同的问题,如何处理这样的问题呢? 下面介绍一种简单而又不影响结果准确程度的方法。这种方法的原则是:准确数字与准确数字相运算结果得准确数字;可疑数字与准确数字或可疑数字与可疑数字相运算结果为可疑数字。在运算中,把每一个数据中的可疑位下面加一横线,以示清楚。在有效数字的运算中,计算的最终结果要求保留最高一位可疑位,在其后的数字小于 5 则舍去,大于 5 则进位,等于 5 则把可疑位数字凑成偶数。例如,计算结果为 12.45 和 1.35,最终结果就取 12.4 和 1.4。

下面介绍常用的有效数字运算规则:

1. 有效数字的加减运算 几个有效数字相加减时,运算结果的最后一位,应保留到尾数位最高的一位可疑数字,其后一位可疑数字可按"舍入法则"处理,例如 33.524+2.3=35.824=35.8。

舍入法则:从第二位可疑数字起,要舍入的数如小于"5"则舍去,如大于"5"则进"1",如果等于"5"则看前面一位数,前面一位数为奇数则进"1",使其成为偶数;如果前面一位为偶数(包括零)则舍去后面的可疑数字。

2. 有效数字的乘除运算 几个有效数字相乘除时,运算结果的有效数字一般应以各量中包含有效数字的位数最少者为准,其后面一位可疑数字可以按照"舍入法则"处理。例如,$4.325 \times 1.5=6.487\ 5=6.5$。此外,在乘法运算过程中,由于向高位进位,可能会使乘积的有效数字位数在高位增加一位(准确位)。例如 3.11 与 4.1 相乘,按前面所述规则,乘积的有效数字位数应为二位,但此时乘积有进位,所以乘积的有效数字位数应取三位。

还必须指出,在求复合量时,如运算过程可分几步,则中间结果的有效数字应比根据运算规则所得的多保留一位,以免由于舍入过多影响最后结果的精确性。

3. 有效数字的乘方、开方运算 有效数字进行乘方或开方运算时,结果的有效数字位数一般与被乘方、开方数的有效数字位数相同。例如:

$$5.25^2=27.6 \qquad \sqrt{6.3}=2.5$$

4. 有效数字的三角函数和对数的运算 三角函数的有效数字位数与角度的有效数字位数相同;对数的有效数字位数与真数的有效数字位数相同。例如:

$$\sin30°=0.50 \qquad \lg224=2.35$$

5. 有效数字的常数和自然数运算 参加运算的常数和自然数对结果的有效数字无影响。在运算公式中可能含有某些常数,如 π,e,$\sqrt{5}$,$\frac{1}{6}$ 等,在运算中一般比测量值多取一位即可。自然数如 1、2、3……等对结果的有效数字也无影响。

第四节　实验不确定度的评定

前面对测量中可能存在的各种误差做了简单介绍。这些误差的存在,使得测量结果具有一定程度的不确定性。测量结果的质量(品质)是量度测量结果可信程度的最重要的依据。说明测量结果的参数,用以表征被测量真值的散布性和离散程度,称为不确定度,用符号 U 表示。所以,测量结果表述必须同时包含被测量的值及与该值相关的测量不确定度,才是完整并有意义的。

不要把误差与不确定度混为一谈。测量不确定度表明赋予被测量之值的分散性,是通过对测量过程的分析和评定得出的一个区间。测量误差则是表明测量结果偏离真值的差值。经过修正的测量结果可能非常接近于真值(即误差很小),但由于认识不足,人们赋予它的值却落在一个较大区间内(即测量不确定度较大)。

一、有关不确定度的几个基本概念

测量不确定度由几个分量构成。通常,按不确定度值的计算方法分为 A 类不确定度和 B 类不确定度,或 A 类分量和 B 类分量。

1. A 类不确定度　是指在一系列重复测量中,用统计学方法计算的分量称为 A 类不确定度,它的分量用符号 ΔA 来表示。

2. B 类不确定度　用其他方法(非统计学方法)评定的分量称为 B 类不确定度,它的分量用符号 ΔB 为表示。

在物理学实验教学中,为了简化处理,A 类分量 ΔA 是指标准误差,B 类分量 ΔB 仅考虑仪器标准误差。将 A 类和 B 类分量采用方和根合成,得到合成不确定度用 U 表示,表达式为

$$U = \sqrt{(\Delta A)^2 + (\Delta B)^2} \tag{式(0-24)}$$

应当注意的是,不确定度是在误差理论的基础上发展起来的,不确定度和误差是两个完全不同的概念,它们之间既有联系,又有本质区别。

误差用于定性描述实验测量的有关理论和概念,不确定度用于实验结果的定量分析和运算等。用测量不确定度代替误差评定测量结果,具有方便、合理和实用等优点。

误差可正可负,而不确定度永远是正的。误差是不确定度的基础,不确定度是对经典误差理论的一个补充,是现代误差理论的内容之一,它还有待于进一步研究、完善和发展。

二、不确定度的评定方法

1. A 类分量的评定　A 类不确定度分量是用统计方法得出的,一般可用贝塞尔法:当对某一物理量 a 做几次等精度的独立测量时,得

$$x_1, x_2, \cdots\cdots, x_n$$

则测量标准误差估计值的贝塞尔公式为

$$\sigma = \sqrt{\frac{1}{n-1} \sum_{i=1}^{n} (x_1 - \bar{x})^2} \tag{式(0-25)}$$

算术平均值 $\bar{x}$ 的标准不确定度为

$$\Delta A_x = \sigma_{\bar{x}} = \frac{1}{\sqrt{n}}\sigma \qquad\qquad 式(0\text{-}26)$$

此外,A 类标准不确定度也可用其他有统计学根据的方法计算。例如最小二乘法,极差法等。

2. B 类分量的评定　B 类不确定度分量不能用统计法算得,需要采用其他方法,其中最常用的方法是估计法。这里只介绍估计极限误差 $\Delta_{仪}$,并了解其误差分布规律的 B 类不确定度分量的评定。

在实际测量中,有些量是随时间而变化的,无法进行重复测量,也有些量因为对它的测量精度要求不高,没有必要进行重复测量,这些都可按单次测量来处理。

为了估算单次测量的不确定度,首先要估算出所有仪器的极限误差 $\Delta_{仪}$,它是仪器示值与真值间可能存在的最大误差,置信概率为 99.73%(也可看成是 100%)。在正确使用仪器的条件下,任一测量值的误差均不大于 $\Delta_{仪}$。为使 ΔA 的置信概率与 ΔB 一致,则相应的不确定度为

$$\Delta B = \frac{1}{C}\Delta_{仪} \qquad\qquad 式(0\text{-}27)$$

式中,C 为置信系数、它的取值与测量误差的分布状态有关。最常见的分布为正态分布,C 值取 3,则不确定度为

$$\Delta B = \frac{1}{3}\Delta_{仪} \qquad\qquad 式(0\text{-}28)$$

在有些情况下服从均匀分布,C 值取 $\sqrt{3}$,则不确定度为

$$\Delta B = \frac{1}{\sqrt{3}}\Delta_{仪} \qquad\qquad 式(0\text{-}29)$$

数字式仪表的读数误差,普通仪表读数的截尾误差,都服从均匀分布。多次测量值相同,属截尾误差,也应视为均匀分布。若一时无法判断其分布状态,可按正态分布来处理。值得提出的是,在很多情况下,测量值的极限误差与实验者的素质有关。

三、测量结果不确定度的综合与表示

若测量结果含统计不确定度分量(A 类)与非统计不确定度分量(B 类),它们的表达值分别为 $\Delta A_1, \Delta A_2 \cdots\cdots \Delta A_i$ 和 $\Delta B_1, \Delta B_2 \cdots\cdots \Delta B_i$,当这些分量互相独立时,则它们的合成不确定度表征值为

$$U = \sqrt{\sum(\Delta A_i)^2 + \sum(\Delta B_i)^2} \qquad\qquad 式(0\text{-}30)$$

用式(0-30)合成时,各分量必须具有相同的置信概率。

若测量值 $\bar{x}$ 不再含有应修正的系统误差,U 为测量的合成不确定度,则测量结果的最终表达形式是

$$x = \bar{x} \pm U$$

四、不确定度的传播

通常物理实验中的间接测得量,不能在实验中直接测得,需要在直接测量的基础上利用

直接测得量与间接测得量之间的已知函数关系运算而得到间接测得量的结果。如何将直接测得量的不确定度与其他信息的不确定度合成,以得到测量最后结果的不确定度,即间接测得量的不确定度,这就是不确定度的传播问题。

设间接测得量 N 与直接测得量 $x, y, z, \cdots\cdots$ 的函数关系为 $N = f(x, y, z, \cdots\cdots)$,则物理实验教学中简化计算间接测得量不确定度 $\Delta N(U)$ 的公式为

$$\Delta N(U) = \sqrt{\left(\frac{\partial f}{\partial x}\right)^2 (\Delta x)^2 + \left(\frac{\partial f}{\partial y}\right)^2 (\Delta y)^2 + \left(\frac{\partial f}{\partial z}\right)^2 (\Delta z)^2 + \cdots\cdots} \qquad 式(0\text{-}31)$$

$$\frac{\Delta N}{N} = \sqrt{\left(\frac{\partial \ln f}{\partial x}\right)^2 (\Delta x)^2 + \left(\frac{\partial \ln f}{\partial y}\right)^2 (\Delta y)^2 + \left(\frac{\partial \ln f}{\partial z}\right)^2 (\Delta z)^2 + \cdots\cdots} \qquad 式(0\text{-}32)$$

这里每一个直接测得量的不确定度 $\Delta x, \Delta y, \Delta z, \cdots\cdots$ 都应按前面讨论的方法和公式来计算。

第五节　实验数据的处理方法

在记录及处理实验数据时经常使用列表记录法和作图法。

一、实验数据的列表记录法

在记录实验数据时经常需要列表,因为数据表可以简单明了地反映有关物理量之间的对应关系,便于检查测量结果是否正确合理,有助于分析物理量之间的规律性。列表力求简单明了,表中数据要正确反映测量结果的有效数字,以表明测量的准确程度;表中各符号代表的物理意义要说明并标明单位,单位应写在标题栏内,不要重复地记在表内各个数字后面;表中不能说明的问题,可在表下附加说明。如果数据表中的物理量是函数关系,则自变量应升序或降序排列。例如,液体表面张力系数的测量记录表如绪论表3所示。

绪论表3　水的表面张力系数的测量

金属环外径 $D_1 =$ ＿＿＿cm,内径 $D_2 =$ ＿＿＿cm,水的温度 $T =$ ＿＿＿℃,平均值: $\alpha =$ ＿＿＿N/m

测量次数	U_1/mV	U_2/mV	F/N	α/(N/m)
1				
2				
3				

二、实验数据的作图法

在进行实验数据处理时常采用作图法,用这种方法可以把测量结果直观地表示出来。作图法是研究物理量之间的规律、找出对应函数关系以及求出经验公式的最常用方法之一。作图法一般应遵守以下规则:

1. 选定坐标　一般选用直角坐标纸或对数坐标纸来作图。用横坐标表示自变量、纵坐标表示因变量,在坐标的末端标明坐标所代表的物理量及单位。根据自变量和因变量的最小值与最大值,选取合适的作图比例。

2. 选定标度、确定图名　根据测量数据的范围,分别对坐标轴进行标度,标度的数据其有效数字位数应与实验测量数据有效数字的位数相同,用"×""·"或"○"等符号来描绘测量的数据点,同一条连线上必须用同一种符号。如果在同一张图纸上作多条连线时,则每条连线应用不同的符号来表示数据点,以示区别。在图下方适当位置说明图所表示的物理量之间的关系。

3. 描点和连线　根据实验数据点的分布情况,先用削尖的铅笔在坐标纸上描点,可用绘图工具把各点连成光滑的直线或曲线,连线时应使描出的直线或曲线尽量贴近测量点,使数据点均匀地分布在连线两侧,如绪论图 2 所示。

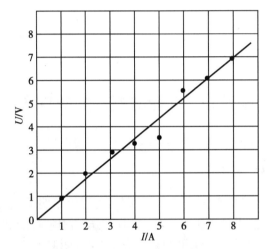

绪论图 2　万用表的伏安特性曲线

三、逐差法

多次测量时,把测量数据中的因变量进行逐项相减或按顺序分为高、低两组进行对应项相减,然后将所得差值作为因变量的数据处理方法称为逐差法。逐差法也是物理实验中处理数据常用的一种方法,常用于处理自变量等间距变化的数据。其优点是充分利用测量数据,具有对数据取平均的效果,可及时发现差错或数据的分布规律,及时纠正或及时总结数据规律。

以测弹簧的刚度系数为例:在弹簧下端依次加 1g、2g、……、8g 的砝码,记下弹簧端点在标尺上位置 n_1、n_2、……、n_8。为了发挥多次测量的优势,采用逐差法。首先将数据分为两组,即 n_1、n_2、n_3、n_4 和 n_5、n_6、n_7、n_8,再取对应差值项的平均值:

$$\overline{\Delta n} = \frac{(n_5 - n_1) + (n_6 - n_2) + \cdots + (n_8 - n_4)}{4}$$

即可得到每增加 4g 砝码对应的伸长平均值。

四、统计最佳直线

当实验数据之间的函数关系是较为复杂的非线性关系时,由作出的曲线求解实验方程参数较为烦琐,且难以从曲线图判断实验结果的正确性。因此,常采用变量置换法,将曲线改成直线加以处理。例如,对 $xy=k$,可以将 x–y 曲线改为 y–$1/x$ 为轴的 y–$1/x$ 图线,则曲线变为直线。

线性拟合就是由实验数据组 (x_i, y_i) 确定出直线的斜率和截距的过程。最小二乘法认为:若最佳拟合的直线为 $y=f(x)$,则所测各 y_i 值与拟合直线上相应的点 $y_i=f(x_i)$ 之间的偏离的平方和为最小。具体如下

根据描点情况,设函数的关系为

$$y = bx + a \qquad\qquad\qquad 式(0\text{-}33)$$

式中,b 和 a 分别为该直线的斜率和截距。由于描出的点 (x_i, y_i) 总是不可能全部落在式(0-33)所表示的直线上,于是每个 x_i 对应的 y_i 总有偏差

$$\varepsilon_i = y_i - y$$

则各点的偏差的平方和为

$$E = \sum_{i=1}^{n} \varepsilon_i^2 = \sum_{i=1}^{n}(y_i - y)^2 = \sum_{i=1}^{n}\left[y_i - (a + bx_i)\right]^2 \qquad\qquad 式(0\text{-}34)$$

当 E 极小时,则选取的直线式(0-33)即为最佳统计直线。只要确定了 a 和 b,即可确定该条直线。E 为极小时的必要条件为

$$\frac{\partial E}{\partial a}=0, \ \frac{\partial E}{\partial b}=0$$

由式(0-34)

$$\frac{\partial E}{\partial a}=0, \qquad \sum_{i=1}^{n}(-2y_i + 2a + 2bx_i)=0$$

即

$$\sum_{i=1}^{n} y_i = na + b\sum_{i=1}^{n} x_i \qquad\qquad\qquad 式(0\text{-}35)$$

由

$$\frac{\partial E}{\partial b}=0, \qquad \sum_{i=1}^{n}(-2y_i x_i + 2ax_i + 2bx_i^2)=0$$

得

$$\sum_{i=1}^{n} x_i y_i = b\sum_{i=1}^{n} x_i^2 + a\sum_{i=1}^{n} x_i \qquad\qquad\qquad 式(0\text{-}36)$$

由式(0-34)解得

$$a = \frac{\displaystyle\sum_{i=1}^{n} y_i}{n} - b\frac{\displaystyle\sum_{i=1}^{n} x_i}{n}$$

或

$$a = \overline{y} - b\overline{x} \qquad\qquad\qquad 式(0\text{-}37)$$

即所求直线通过的平均坐标。

将式(0-36)代入式(0-35),得

$$\sum_{i=1}^{n} x_i y_i = b\sum_{i=1}^{n} x_i^2 + b\overline{x}\sum_{i=1}^{n} x_i + \overline{y}\sum_{i=1}^{n} x_i$$

等式两边同除以 n ,得

$$\overline{xy} = b\overline{x^2} - b\overline{x}^2 + \overline{x} \cdot \overline{y}$$

因此

$$b = \frac{\overline{xy} - \overline{x} \cdot \overline{y}}{\overline{x^2} - \overline{x}^2}$$
　　　　　　　　　式(0-38)

故,只要由实验数据求出 $\overline{x}$, $\overline{y}$, $\overline{xy}$, $\overline{x^2}$, $\overline{y^2}$,即可计算出 a 及 b 。

最后,利用相关系数 r 来检查所得的方程是否合理, r 定义为

$$r = \frac{\overline{xy} - \overline{x} \cdot \overline{y}}{\sqrt{(\overline{x^2} - \overline{x}^2)(\overline{y^2} - \overline{y}^2)}}$$
　　　　　　　　　式(0-39)

　　r 值通常在 -1 与 1 之间, r 值越接近 1 ,表示实验数据越密集于直线近旁。反之, r 值小于 1 而接近 0 时,则表示实验数据很离散。

【思考题】

1. 举例说明什么是系统误差? 什么是偶然误差?

2. 产生误差的原因有哪些? 怎样减少测量误差?

3. 说明下述情况中产生的误差是系统误差还是偶然误差,或者两者都存在。

(1)直尺刻度疏密不均匀。

(2)直尺长度因温度变化而伸缩。

(3)电表的机械零点未经调零。

(4)水银温度计毛细管不均匀。

(5)仪表的零点不准。

(6)天平未调水平。

4. 如何理解测量的正确度、精密度和精确度?

5. 指出下列有效数字的位数。

(1) d=0.780 2m

(2) L=0.321 00mm

(3) g=10.806 5m/s²

(4) P=1.010 7 × 10⁵Pa

(5) c=21.00 × 10⁵km/s

(6) I=0.050A

6. 根据下列有效数字判断测量仪器的精度。

(1)0.020m

(2)3.306cm

(3)37.260A

(4)97.30℃

(5)20.204 × 10³V

(6)0.030 10g

7. 指出下列各式中关于有效数字的错误。

(1) $m=0.080\ 90\mathrm{kg}$ 是三位有效数字。

(2) $0.32\mathrm{A}=320\mathrm{mA}$

(3) $t=(11.70\pm0.8)\mathrm{s}$

(4) $L=(1\ 500\pm200)\mathrm{m}$

(5) $22.30\times12.3=27.43$

8. 下列各题所列数据均为有效数字,试按有效数字运算规则进行运算。

(1) $232.43-46.5+2.10$

(2) 212×45.23

(3) $0.654\div0.032$

(4) $\dfrac{1}{10}\times4.21\times3.00^2$

(5) $\dfrac{(5.430\ 0-2.20)\times2.798}{2.00}$

(6) $\sqrt{625}$

(7) $1.21\times10^{-3}+1.023\ 0$

(8) $2.020\times3.00+21.0\times3.00+20\times0.1$

9. 一个串联电路,五次测得通过电阻 R 的电流 I_i 分别为 0.212A、0.214A、0.208A、0.212A、0.211A,同时测得电阻两端相应电压降 U_i 分别为 42.22V、42.18V、42.20V、42.24V、42.28V。

求:(1)求出每次测得的电阻值。

(2)根据上述结果求电阻的平均值 $\bar{R}$ 及其平均绝对误差、相对误差,并写出测量结果。

(木本荣)

第一部分

基础实验

一、游标卡尺和螺旋测微器的使用

【实验目的】

1. 理解游标卡尺和螺旋测微器的测量原理。
2. 掌握游标卡尺和螺旋测微器的使用。
3. 学会利用误差理论和有效数字的计算方法对实验数据进行处理,并分析误差来源。

【实验原理】

(一) 游标卡尺

1. **构造**　游标卡尺的构造如图 1-1 所示。AA' 和 BB' 为测量钳口,AB 固定在主尺上,$A'B'$ 随游标而移动。游标上的螺旋(或螺杆)E 的作用是固定游标的位置,称为制动螺旋。测量钳口 AA' 用来测量物体的长度或外径,测量钳口 BB' 用来测量物体的内径,小尺 G 用来测深度,小推轮 W 用来移动游标。当推动小推轮 W 时,钳口 AA' 及 BB' 同时分开相同的一段距离,而小尺 G 由主尺末端伸出相同长度的距离。它们相应的长度读数,均可由主尺与游标上的刻度读取。

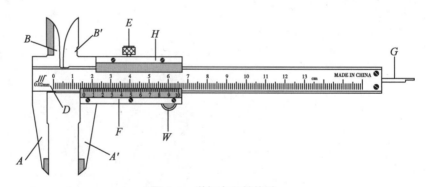

图 1-1　游标卡尺的构造

2. **读数原理**　游标卡尺是由主尺与副尺(游标)两部分组成的。主尺最小分格常为 1mm,游标上(副尺)的分格通常取与主尺的 $m-1$ 分格相当的长度分为 m 等分(如图 1-1,$m=50$,即游标的分格总长度为主尺的 49 个最小分格长度,将该长度等分为 50 等分)。若主尺上每一分格长度为 $y$mm,游标上每一分格长度为 $x$mm,那么 $(m-1)y = mx$;可以推

出 $y-x=\dfrac{y}{m}$。

$y-x$ 为主尺上每一分格长度与游标上每一分格长度之差,称作游标尺的最小读数值。游标尺的最小读数值 $\dfrac{y}{m}$ 有几种不同的规格,常见的有以下几种:

表 1-1　常见游标卡尺规格

主尺上每一分格长度 y/mm	1	1	1	0.5
游标上总的分格数	10	20	50	25
游标尺的最小读数值 $\dfrac{y}{m}$ /mm	0.1	0.05	0.02	0.02

使用游标卡尺测量物体长度,如图 1-2 所示,若物体的一端与主尺的零分格线对齐,另一端在主尺的第 N 条分格线与第 $N+1$ 条分格线之间,并且与第 N 条分格线间的距离为 ΔL,显然,该物体的长度 L 为:

$$L = Ny + \Delta L$$

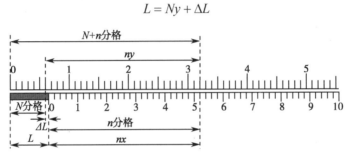

图 1-2　游标卡尺的读数原理

如果此时游标上第 n 条分格刻度线与主尺上第 $N+n$ 条分格刻度线对齐,则:

$$\Delta L = ny - nx = n(y-x) = n \cdot \frac{y}{m}$$

所以物体的长度:

$$L = Ny + n\frac{y}{m} \qquad\qquad 式(1\text{-}1)$$

式(1-1)指出物体长度 L 等于主尺上毫米整数部分 Ny 与游标上的毫米小数部分 $n\dfrac{y}{m}$ 求和。测量时应先由游标上的零刻度线的位置定出主尺上整数分格 N 的读数,然后在游标上找出与主尺刻度线对齐的第一个分格线,读出 n。测量中如果遇到游标与主尺的分格线没有一条对齐时,可选取最接近对齐的游标分格线读数;如果遇到游标与主尺的分格线有很多条都对齐时,可选取中间的对齐游标分格线读数。

3. 操作方法　测量前先推动小推轮 W,使钳口 AA' 密合,此时的尺面读数称为零点读数。若主尺零线与游标零线对齐,同时游标尾线也与主尺刻度线对齐,测得零点读数为零。若主尺零线与游标零线没有对齐,则零点读数就有数值,测量物体长度时就需要进行零点矫正。

4. 测量

(1)测量长度:记下零点读数 A_0 后,将待测物体放置在钳口 AA' 之间,推动小推轮 W 使钳口与物体接触适宜,然后锁紧制动螺旋 E 进行读数。读数时,先从游标"0"刻度线位置读出主尺上毫米整数部分 Ny;再找出与主尺对齐(或最靠近)的游标上刻度线的格数 n,乘以游标最小读数值 $\frac{y}{m}$,得出毫米小数部分;这两个读数之和就是所测长度的尺面读数 A,将尺面读数 A 减去零点读数 A_0,得到所测长度 L。即: $L = A - A_0$。

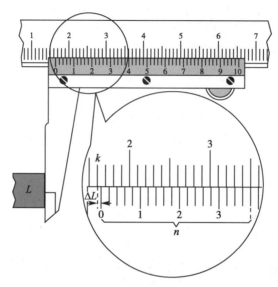

图 1-3   游标卡尺的尺面读数

例:如图 1-3 所示,游标零线:在 16mm 与 17mm 刻度之间,游标上第 19 条分格线与主尺上某一分格刻度对齐(或最靠近对齐)。主尺每分格长度 y=1mm,游标总分格数为 n=50。因为 N=16, n=19。

游标卡尺的尺面读数: $A = Ny + n\dfrac{y}{m}$

$$= 16 \times 1\text{mm} + 19 \times \frac{1}{50}\text{mm}$$

$$= 16\text{mm} + 0.38\text{mm}$$

$$= 16.38\text{mm}$$

物体长度: $L = A - A_0$;如果 $A_0 = 0.00\text{mm}$ 。则: $L = A = 16.38\text{mm}$。

零点读数 A_0 可正可负,因为物体所测长度 $L = A - A_0$,显然当游标零线在主尺零线左边时 A_0 为负数;在右边时 A_0 为正数。

(2)测量圆筒的内径:将 BB' 插入待测圆筒内,推动小推轮 W,让 BB' 的平滑端顶住圆筒内径两端。读数方法与长度测量相同。

(3)测量圆筒的深度:将小尺 G 拉开,垂直插到圆筒底部,让主尺尾部与圆筒口相切。读数方法与长度测量相同。

(4)测量偏转角:分光计、旋光仪上有一套在转轴上的圆刻度盘(圆弧刻度尺),全盘刻有720 个等分刻线,刻度为 0.5° 即 30′,其旁附有游标(副尺),该游标上的 30 分格对应主尺上的29 分格,因此主尺和游标每小格之差 $\Delta = 30' / 30 = 1'$。其主尺和游标的刻度关系如图 1-4、图1-5 和图 1-6 所示:

图 1-4 中,主尺、游标 0 刻度线对齐,游标上的 30 分格对应主尺上 29 分格。

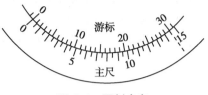

图 1-4 圆刻度盘

图 1-5 中,游标 0 刻度线在主尺 22° 与 22°30′ 之间,游标上第 13 分格与主尺上某一分格对齐,所以读数为 22°13′。

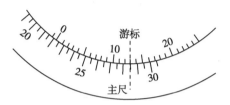

图 1-5 圆弧尺的尺面读数 1

图 1-6 中,游标 0 刻度线在主尺 228°30′ 与 229° 之间,游标上 18 分格与主尺上某一分格对齐,读数为 228°48′。

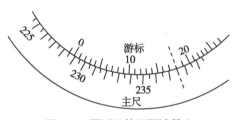

图 1-6 圆弧尺的尺面读数 2

圆刻度盘上有两个游标刻度窗口,通常以望远镜管所在位置为参照,在望远镜管左侧的窗口读数称为左读数,写作 θ_L ;在望远镜管右侧的窗口读数称为右读数,写作 θ_R 。

(二) 螺旋测微器

1. 构造 螺旋测微器的刻度设计原理与游标卡尺类似,都是由主尺刻度和游标刻度组成,区别在于它是利用旋转杆旋转前进或后退来量度长度,其游标刻度尺不是直尺而是曲尺。其构造如图 1-7 所示。图中 D 为主尺,A 为螺旋杆,C 为微分筒,刻有游标刻度分格。主尺上有一条读数基准线,基准线上方和下方各有间距为 1mm 的等分刻度,上下方相邻两等分线的间距为 0.5mm。微分筒的棱边作为毫米读数指示线,A、C 与小旋柄 B 连接在一起,旋转小旋柄 B 时,螺旋杆 A 会做前后移动,使测量钳口 EA 分开或合拢。微分筒 C 也随之在主尺 D 上左右移动,A 所移动的距离,即 EA 的距离。读数可以从微分筒 C 上的游标刻度和主尺 D 上的主尺刻度读取。

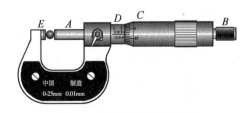

图 1-7 螺旋测微器的构造

2. 读数原理 螺旋测微器,其主尺 D 上的分度值(即读数基准线上下两相邻刻度线的距离)为

0.5mm,刚好和螺旋杆 A 上的螺距相等,当微分筒 C 转动一周,螺旋杆 A 移动 0.5mm。在微分筒 C 上,将一圈周长分成 50 等分。因此,当微分筒 C 旋转过一个分格的游标刻度,螺旋杆 A 会移动 $(1/50 \times 0.5)$mm,即 0.01mm,这是螺旋测微器的最小刻度值。读数可估计至最小刻度的下一位,即可以估计到 0.001mm 这一位,其读数精确到千分位,所以螺旋测微器又称为千分尺。

当 EA 密合时,微分筒 C 的棱边应与主尺 D 上的主尺零刻度线重合,并且微分筒 C 上的游标零刻度线应与主尺 D 上的读数基准线对齐。否则,应从微分筒 C 上的游标刻度线和主尺 D 上的读数基准线读出数值,此读数值称为"零点读数"。当微分筒 C 上的游标零刻度线在主尺 D 上主尺基准线的上方时,零点读数 A_0 为负值;当微分筒 C 上的游标零刻度线在主尺 D 上主尺基准线的下方时,A_0 为正值。物体长度 L 等于所测尺面长度减去零点读数值。即:$L = A - A_0$。

当 EA 间放入待测物体时,螺旋杆 A 向右退,微分筒 C 也向右退,所退距离即为所测物体长度,待测物体长度的尺面读数 A 为:$A = \left(\dfrac{N}{2} + \dfrac{n}{100} \right)$mm。此式中 N 为半毫米数,由读数指示线的位置决定,从主尺刻度上读得。n 为微分筒 C 上的游标刻度,由读数基准线及 C 上的游标刻度上读得。因此,读数时应先从主尺上读得 N 的数值,然后从微分筒上读得 n 的数值。

例:如图 1-8(a)所示,从读数指示线位置(微分筒 C 的棱边)读得主尺上的半毫米数 $N=11$,即 5.500mm;从读数基准线读得微分筒 C 上的游标刻度读数 $n=28.0$,即 0.280mm,两者之和为物体的尺面读数 5.780mm。

即,被测量尺面读数:

$$A = \left[\frac{N}{2} + \frac{n}{100} \right] \text{mm}$$

$$= \left(\frac{11}{2} + \frac{28.0}{100} \right) \text{mm}$$

$$= 5.780 \text{mm}$$

如果零点读数如图 1-8(b)所示,$A_0=0.000$mm,$L=A=5.780$mm。

如果零点读数 $A_0 \neq 0$,则所测物体长度 L 为:

$$L = A - A_0$$

与游标卡尺的零点读数相同,螺旋测微器的零点读数 A_0 可正可负,当微分筒上的零刻度线在主尺读数基准线之下时 A_0 为正值,反之为负值。如图 1-8(c)所示,微分筒上的零刻度线在主尺读数基准线之下 3 个游标分格,$A_0=+0.030$mm。所测物体长度 $L=A-A_0=5.780-0.030=5.750$mm。如图 1-8(d)所示,微分筒上的零刻度线在主尺读数基准线之上 2 个游标分格,$A_0=-0.020$mm。所测物体长度 $L=A-A_0=5.780+0.020=5.800$mm。

3. 操作方法

(1)零点读数 A_0:左手握"U"形把手,右手转动小旋柄 B,使 E 与 A 稍稍分离后再靠拢,EA 密合后顺时针转动小旋柄 B,听到"咔咔"响两三声即停止转动小旋柄 B,旋紧制动螺杆,使螺旋杆 A 固定不动,记下读数。

(2)测量尺面读数:松开制动螺杆,转动微分筒 C,将待测物件正确放置于 E 与 A 之间,然后转动微分筒 C,当 E 与 A 的端面将要与待测物件接触时,旋转小旋柄 B,当听到"咔咔"响时(两端正好与物体接触),将制动螺杆旋紧,使螺旋杆 A 固定不动,记下读数。

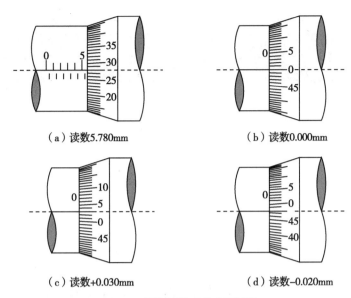

（a）读数5.780mm　　　　　　　　（b）读数0.000mm

（c）读数+0.030mm　　　　　　　　（d）读数−0.020mm

图 1-8　螺旋测微器的尺面读数

【实验器材】

游标尺、螺旋测微器、待测件若干、分光计。

【实验步骤】

1. 分别用游标卡尺和螺旋测微器测量铝柱体直径 3 次。将测量的数据填入表 1-2。
2. 用游标卡尺测量玻璃管开口处内、外直径及深度各 3 次。将测量的数据填入表 1-3。
3. 用螺旋测微器测量小钢球的直径（选取 3 个不同位置）。将测量的数据填入表 1-4。
4. 选择适当的工具（游标卡尺或者螺旋测微器）测量铁线的长度和铁线的直径，将测量的数据填入表 1-5。并用误差传递公式计算出该铁线的体积。
5. 测量分光计底盘上刻有位置 I 和位置 II 的 2 个标志所夹的圆心角（测量角度时望远镜支臂上的标志线要与底盘上标志线对齐后读数），将测量的数据填入表 1-6。

使用的螺旋测微器的最小刻度为 ＿＿＿mm，游标卡尺的精度为 ＿＿＿mm。

表 1-2　用游标卡尺和螺旋测微器测量铝柱体的直径　　　　　单位:mm

测量次数	游标尺			螺旋测微器		
	零点读数 A_0	测量读数 A	$A-A_0$	零点读数 A_0	测量读数 A	$A-A_0$
1						
2						
3						
平均值	—	—		—	—	
测量结果（用绝对误差表示）						

表 1-3　用游标卡尺测量玻璃管的内、外直径及深度　　　　单位:mm

测量次数	内径			外径			深度		
	A_0	A	$A-A_0$	A_0	A	$A-A_0$	A_0	A	$A-A_0$
1									
2									
3									
平均值	—	—	—	—	—	—	—	—	—
平均绝对误差	—	—	—	—	—	—	—	—	—
平均相对误差	—	—	—	—	—	—	—	—	—
测量结果 (用相对误差表示)									

表 1-4　用螺旋测微器测量小钢球的直径　　　　单位:mm

测量次数	零点读数 A_0	测量读数 A	$A-A_0$
1			
2			
3			
平均值	—	—	
测量结果 (用绝对误差表示)	—	—	

表 1-5　测量铁线的长度、直径　　　　单位:mm

测量次数	长度 L			直径 d		
	A_0	A	$A-A_0$	A_0	A	$A-A_0$
1						
2						
3						
平均值	$\bar{L}=$			$\bar{d}=$		

计算铁线体积:根据 $V=\pi\left(\dfrac{d}{2}\right)^2 \cdot L=\dfrac{1}{4}\pi \cdot d^2 \cdot L$ 及复合物理量误差传递公式(见绪论)依次算得各量如下:

$\bar{L}=$ _____

$\Delta\bar{L}=$ _____

$\bar{d}=$ _____

$\Delta\bar{d}=$ _____

$$\frac{\Delta \overline{V}}{\overline{V}} = \frac{\Delta \overline{d}}{\overline{d}} + \frac{\Delta \overline{d}}{\overline{d}} + \frac{\Delta \overline{L}}{\overline{L}} = \underline{\hspace{4cm}}$$

$$\overline{V} = \frac{1}{4}\pi \cdot \left(\overline{d}\right)^2 \cdot \overline{L} = \underline{\hspace{4cm}}$$

$$\Delta \overline{V} = \overline{V} \cdot \frac{\Delta \overline{V}}{\overline{V}} = \underline{\hspace{4cm}}$$

$$V = \overline{V} \pm \Delta \overline{V} = \underline{\hspace{4cm}}$$

表 1-6　测量圆心角

测量次数	读数窗口	位置 I	位置 II	望远镜转过角度 θ	$\theta_{cp} = \dfrac{\theta_L + \theta_R}{2}$
1	左				
	右				
2	左				
	右				
3	左				
	右				
θ_{cp} 平均值					

【注意事项】

1. 使用游标卡尺时,要先观察游标的分度,确定其精密度。

2. 使用游标卡尺和螺旋测微器时,必须进行零点读数,注意其正负符号。

3. 使用螺旋测微器时,旋转小旋柄 B,当听到"咔咔"声响时,不应继续旋转。此时表示测量钳口已经密接或者测量钳口已经与待测元件密接,如果继续旋转旋柄将损坏螺旋测微器的准确度。

4. 游标卡尺使用完毕后,应擦拭干净,上油防锈,放回仪器盒内,避免受潮。

5. 螺旋测微器使用完毕后,应使螺旋测微器的螺旋杆 A 和固定测量钳口 E 之间保持一定的空隙,防止因受热膨胀而损坏螺旋测微器的螺旋杆。同理,游标卡尺的测量钳口 AA' 也要保留一段间隙。

6. 测量数据时,应该按照有效数字进行读数和记录。

【思考题】

1. 为何螺旋测微器又称为千分尺?

2. 使用游标卡尺和螺旋测微器测量同一待测元件时,哪一个测量结果相对误差更小?

3. 分光计中望远镜所在的位置与圆盘刻度之间有什么关系? 为什么能够用圆盘刻度的变化来描述望远镜转过的角度?

4. 在游标卡尺测量物体长度时,游标上的总分格数为 10、20、50 对应读数结果应分别保留多少小数位数(主尺最小分格为 1mm)？

5. 螺旋测微器和游标卡尺有哪些区别？

(木本荣)

二、直读式读数显微镜的使用

【实验目的】

1. 了解直读式读数显微镜的原理和结构。
2. 熟练掌握读数显微镜测量微小物体的原理。

【实验原理】

一般显微镜只有放大物体的作用,不能测量物体的大小。如果在显微镜的目镜中装上十字叉丝,并把镜筒固定在可以前后左右移动的装置上,该装置移动的距离由螺旋测微器读出来,将这样可以进行长度测量的显微镜称为读数显微镜。它主要用来精确测量微小的或不能用夹持量具来测量的物体尺寸,如毛细管的直径、金属杆的线膨胀量、微小钢球的直径等。读数显微镜测量的精确度一般在 0.01mm。按工作原理的不同,读数显微镜通常分为直读式、标线移动式和影像移动式三种。直读式读数显微镜由一台低倍显微镜和可以缓慢推动镜筒移动的螺旋杆组成,显微镜放大倍数一般为10~30 倍。根据螺旋测微器的原理,测出镜筒移动的微小距离,构造如图 1-9 所示。它与普通显微镜不同的是,读数显微镜有一根很均匀的丝杆及固定在丝杆上的刻度转盘。旋转转盘时,显微镜的镜筒便随着螺旋杆水平移动。每旋转一周,镜筒就移动1mm 的螺距。镜筒移动的整数部分,可以由水平台架上的直尺读出,测量范围横向(0~50mm),纵向(0~15mm),最小刻度为毫米,小数部分可由转盘上的刻度读出(转盘上有 100 个等分格),最小值估读到 0.001mm。

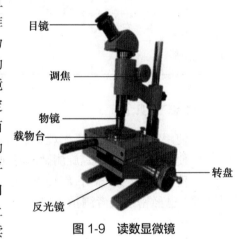

图 1-9 读数显微镜

目镜

调焦

物镜

载物台

转盘

反光镜

【实验器材】

直读式读数显微镜一台、头发丝若干。

【实验步骤】

1. 调节反光镜,使视野明亮。将被测物体置于平台中央上,调节显微镜镜筒位置和焦距,直到可以清晰观察到被测物体。

2. 旋转转盘,观察像是否处处都很清晰。若逐渐模糊,则表示台架和载物台不平行。经调节平行后,像在各处都应同样清晰。

3. 旋转转盘,使叉丝的交点移到像的一侧远离一段距离处,如图 1-10(a)所示。然后,

反向旋转转盘,把叉丝的交点移到被测物体长度的起点上,如图 1-10(b)所示,记录显微镜的位置 S_1(例如,直尺读数在 33~34mm 之间,转盘上的读数是 56.3,则此位置的数值应为 33.563mm)。继续沿相同的方向旋转转盘(不可反向旋转转盘,理由见注意事项),直至叉丝的交点正好落在被测物体的终点为止,如图 1-10(c)所示,读出此时显微镜的位置 S_2,则 $|S_2 - S_1|$ 即等于被测物体的长度。

4. 用读数显微镜测量头发丝的直径 3 次,然后计算其直径,并根据测量的数值填入表 1-7 中。对实验结果进行误差分析。

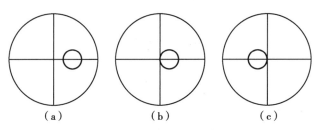

图 1-10　读数显微镜的测量

表 1-7　读数显微镜测头发丝直径数据表

次数	起点读数 S_1/mm	终点读数 S_2/mm	直径 /mm
1			
2			
3			
平均值			

【注意事项】

1. 由于普通螺旋丝杆和丝母之间存在间隙,使用读数显微镜测量长度时,应使转盘始终向一个方向旋转。

2. 在调节焦距时,要使镜筒由下向上移动,以免向下移动过低时,镜筒压碎镜片或被测物体。

3. 目镜和物镜不准用手或其他物品擦拭,以免磨损或玷污。

4. 开始测量时,只能旋转转盘,不要触动镜筒。

【思考题】

读数显微镜不同于其他显微镜的主要特点是什么?

（杨海波）

一、焦利氏秤法

【实验目的】

1. 了解焦利氏秤独特的设计原理。
2. 学会用焦利氏秤测定液体的表面张力系数。
3. 掌握溶质对液体表面张力系数的影响。

【实验器材】

焦利氏秤、Π形金属框、玻璃杯、游标卡尺、温度计、镊子、蒸馏水、砝码等。

【实验原理】

众所周知,液体内部的分子在各个方向上都会受到邻近分子互相等同的吸引力。然而,液体表面的分子却只受到液体内部分子的吸引力,外面的介质对液体表面分子作用力可忽略,导致液面分子手里方向指向液体内部。由于该原因,液体表面形状有趋于面积尽量最小的趋势。这种存在于液体表面使液体具有收缩倾向的张力被称为液体的表面张力。设想在液面上有一条分界线 MN,表面张力的方向与液面相切且与所选取的分界线垂直,其大小与该分界线的长度 l 成正比,即

$$F = \alpha l \qquad\qquad 式(2\text{-}1)$$

式中, α 为液体的表面张力系数,它在数值上等于作用在液体表面单位长度上的力,在国际单位制中单位为 N/m。

表面张力系数的大小与液体的性质有关,一般情况,密度小而易挥发的液体 α 小,反之 α 较大。表面张力系数还与液体中的杂质有关,掺入不同杂质可以增加或者减少 α。温度改变,液体表面张力系数 α 也会改变,液体的表面张力系数一般随着温度的升高而降低。

如图 2-1 所示,将 Π 形金属框浸入液体中,通过弹簧将其缓慢拉起,在框内将形成一层液膜。若不计框所受浮力及水膜的重力,此时金属框在竖直方向上受到三个力的作用:弹簧的拉力 F',框的重力 W,液膜表面张力 $2F$(有两个液面)。设两侧液面与竖直方向成 θ 角,则表面张力在竖直方向上的分力为 $2F\cos\theta$。金属框在竖直方向的平衡条件为

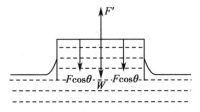

图 2-1　Π 形金属框受力分析示意图

$$F' = 2F\cos\theta + W \qquad\qquad 式(2\text{-}2)$$

当缓慢地拉起金属框时,随着 Π 形框的上升,θ 角将逐渐减小,而弹簧的拉力 F' 将不断增大。在水膜破裂的瞬间,$\theta = 0$,F' 达到最大值 F_m。因此由式(2-1)和式(2-2)可得 α 为

$$\alpha = \frac{F_m - W}{2l} \qquad\qquad 式(2\text{-}3)$$

式(2-3)中 l 为 Π 形框宽度。利用焦利氏秤可测得式(2-3)中 $F_m - W$ 的大小。若弹簧在 Π 形框重力 W 作用下伸长为 x_0,则 $W = kx_0$,被拉脱时伸长为 x,则 $F_m = kx$,因此 $(F_m - W) = k(x - x_0) = k\Delta x$,代入式(2-3)可得 α 为

$$\alpha = \frac{k\Delta x}{2l} \qquad\qquad 式(2\text{-}4)$$

由式(2-4)可知,只要测出 k、Δx 及 l 各量,即可求出液体的表面张力系数 α。

焦利氏秤是一种精细的弹簧秤,常用于测量微小的力。如图 2-2 所示,带有直尺刻度的圆柱 B 套在中空立管 A 内。调节旋钮 D 可使 B 在 A 管内上下移动。B 的横梁上悬挂一个锥型细弹簧 S,弹簧的下端挂着一面刻有水平线 F 的小镜,小镜悬空在刻有水平线 G 的玻璃管中间。小镜下端悬挂金属丝框 E。调节螺旋 H 可让工作平台 C 做上下移动。

使用焦利氏秤时,通过调节旋钮 D 使圆柱 B 上下移动,从而调节弹簧 S 的升降,目的在于使小镜上的水平刻线 F、玻璃管上的水平刻线 G、以及 G 刻线在小镜中的像 G' 三者重合(简称"三线对齐"),这样可以保持 F 线的位置不变。应当指出,普通弹簧秤是上端固定,加负荷后向下伸长。而焦利氏秤是保持弹簧的下端(F 线)的位置不变,则弹簧加负载后的伸长量 Δx 与弹簧上端点向上的移动量相等,它可用圆柱 B 上的主尺和套管 A 上的游标来测量。再根据胡克定律

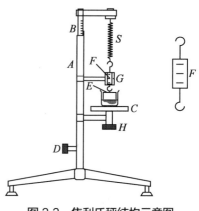

图 2-2　焦利氏秤结构示意图

$$F = k\Delta x \qquad\qquad 式(2\text{-}5)$$

在已知弹簧劲度系数 k 的条件下,求出力 F 的量值代入公式 $\alpha = \dfrac{k\Delta x}{2l}$ 计算即可。多次测量计算平均值及误差。

如果金属框较厚,则厚度不能忽略,则计算公式可以改为

$$\alpha = \frac{k\Delta x}{2(l+d)} \qquad\qquad 式(2\text{-}6)$$

式中,$2(l+d)$ 为金属框的周长。

【实验步骤】

1. 测定弹簧的劲度系数
(1)挂好弹簧、小镜和砝码盘,使小镜穿过玻璃管并恰好在其中。
(2)调节三足底座上的底脚螺丝,使立管 A 处于铅直状态。

(3) 调节升降旋钮 D,使小镜的刻线 F、玻璃管的刻线 G 及 G 在小镜中的像 G' 三者重合。从游标上读出未加砝码时的位置坐标 x_0。

(4) 在砝码盘内逐次添加相同的小砝码 Δm (如取 $\Delta m = 0.5g$)。每增添一只砝码,都要调节升降旋钮 D,使焦利氏秤重新达到"三线对齐",再分别读出其位置坐标 x_i。然后再依次减少砝码,重复上述操作。实验数据记录到表 2-1 中。

表 2-1 测量弹簧劲度系数 k 的实验数据　　　　单位:mm

次数 i	砝码质量 m/g	x_i (增重读数)	x_i' (减重读数)	平均值 $\bar{x}_i$	弹簧伸长量 $\Delta x_i = x_{i+5} - x_i$
1	0.5				$\Delta x_1 = x_6 - x_1$
2	1.0				
3	1.5				$\Delta x_2 = x_7 - x_2$
4	2.0				
5	2.5				$\Delta x_3 = x_8 - x_3$
6	3.0				
7	3.5				$\Delta x_4 = x_9 - x_4$
8	4.0				
9	4.5				$\Delta x_5 = x_{10} - x_5$
10	5.0				

(5) 用逐差法处理所测数据,求出弹簧的劲度系数 k_1。再用作图法求弹簧的劲度系数。以弹簧伸长量为纵坐标、所加砝码质量 ($\Delta m = 0.5g$) 为横坐标,在坐标纸上作图。设其斜率为 b,$b = \dfrac{\Delta x}{\Delta m}$,根据 $k\Delta x = \Delta mg$　$k = \dfrac{\Delta mg}{\Delta x} = \dfrac{g}{\Delta x / \Delta m} = \dfrac{g}{b}$,因此,则求得弹簧的劲度系数 k_2。最后,将两种不同方法所得劲度系数的平均值作为最终结果,$\bar{k} = \dfrac{k_1 + k_2}{2}$。

2. 测定水的表面张力系数

(1) 用游标尺测量 Π 形金属框的宽度 l,测三次,取其平均值。

(2) 用蒸馏水冲洗玻璃烧杯,然后倒入待测蒸馏水并置于平台 C 上,用温度计测出水温 T。

(3) 将指标管固定在适当位置上,用镊子挂上 Π 形金属框,使其沉浸在蒸馏水中,调节螺旋 D,使 Π 形金属框上沿刚好浸没在水中,达到"三线重合",把此时游标尺的读数 x_0 记入表 2-2 内。

(4) 调节螺旋 H,使平台 C 上升,让 Π 形框的横梁刚刚浸入水中后,再慢慢调节螺旋 D 使 Π 形框缓慢上升,同时缓慢调节螺旋 H 使平台下降,这时 Π 形框将拉起一层水膜。在拉膜的过程中始终要求"三线重合",直至液膜破裂,把拉脱时的游标尺的读数 x_1 记入表 2-2 内。

水温 _____ ℃。　　　　表2-2　测量水的表面张力系数 α 的实验数据　　　　　单位:mm

游标尺读数 x				弹簧伸长量 Δx				框宽 l			
x_0	x_1	x_2	x_3	Δx_1	Δx_2	Δx_3	$\overline{\Delta x}$	l_1	l_2	l_3	$\overline{l}$

(5)再重复步骤(4)两次,把相应的游标尺读数 x_2、x_3 记入表2-2内。

(6)用上述方法测量加活化剂后水的表面张力系数。

3. 数据记录及处理

(1)测量弹簧劲度系数 k。

1)由逐差法测量弹簧的劲度系数数据处理:弹簧的伸长量 $\overline{\Delta x} = \dfrac{\Delta x_1 + \Delta x_2 + \Delta x_3 + \Delta x_4 + \Delta x_5}{5}$,

$\Delta m = 0.5 \times 5 = 2.5\text{g}$,得到 $k_1 = \dfrac{\Delta m}{\Delta x} = $ _____。

2)由作图法测量弹簧的劲度系数,将2-1表中的测量数据以弹簧伸长量为纵坐标,所加砝码质量为横坐标,在坐标纸上作图。得到弹簧的劲度系数 k_2。则测得弹簧劲度系数:

$\overline{k} = \dfrac{k_1 + k_2}{2} = $ _____。

(2)测量水的表面张力系数 α 的实验数据见表2-2。

$$\overline{\alpha} = \dfrac{\overline{k} \cdot \overline{\Delta x}}{2\overline{l}} = \underline{\qquad\qquad}。$$

相对误差 $E_r = \dfrac{\Delta \alpha}{\overline{\alpha}} = \dfrac{\Delta(\Delta x)}{\Delta x} + \dfrac{\Delta l}{\overline{l}} = $ _____。

绝对误差 $\Delta \alpha = E_r \cdot \overline{\alpha} = $ _____。

结果表示为: $\alpha = \overline{\alpha} \pm \Delta \alpha = $ _____。

【注意事项】

1. 焦利氏秤的弹簧十分精密,实验时切勿使其超负荷以免损坏。

2. 实验所用烧杯、镊子的尖端及 Π 形框的清洁与否直接影响实验结果,请切勿用手触摸。

3. 拉膜过程中动作要缓慢,观察时眼睛应与刻线处于同一水平面,以减少误差。

【思考题】

1. 影响实验结果的因素有哪些? 为什么? 如何测量某种浓度 NaCl 溶液的表面张力系数,请设计具体实验步骤,并说明溶液浓度对表面张力系数有无影响。

2. 测金属丝框的宽度 l 时,应测它的内宽还是外宽? 为什么?

　　　　　　　　　　　　　　　　　　　　　　　　　　　　　　　　(支壮志)

二、硅压阻式力敏传感器法

【实验目的】

1. 掌握拉脱法测量液体表面张力系数的实验原理。
2. 学会用砝码对硅压阻式力敏传感器定标、学会用传感器测量液体表面张力系数的方法。
3. 熟悉硅压阻式力敏传感器液体表面张力系数测定仪的结构、测量原理。

【实验原理】

液体表面张力是指作用于液体表面上任意线的两侧、垂直于该线且与液面相切、并使液面具有收缩倾向的一种力。从微观上看,表面张力是由于液体表面层内分子作用的结果。设想在液面上作长为 L 的线段,则表面张力的作用就表现为线段两边的液面以一定拉力 F 相互作用,且拉力的方向垂直于该线段,拉力的大小正比于 L,即 $F=\alpha L$,式中 α 表示作用于线段单位长度上的表面张力,称为表面张力系数,其单位为 N/m。可以用表面张力系数来定量地描述液体表面张力的大小。

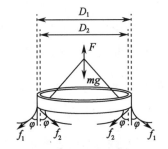

图 2-3　拉脱过程吊环受力分析

如图 2-3 所示,一个环形吊片固定在传感器上,将该环浸没于液体中,在渐渐拉起环形吊片过程中,由于液体表面张力的作用,环形吊片的内、外壁会带起液膜。

平衡时,吊环重力 mg、向上拉力 F 与液体表面张力 f(忽略带起的液膜的重量)满足

$$F = mg + f \cos\varphi$$

当吊环临界脱离液体时,$\varphi \approx 0$,即 $\cos\varphi \approx 1$,则平衡条件近似为

$$f = F - mg = \alpha\left[\pi\left(D_1 + D_2\right)\right] \qquad \text{式(2-7)}$$

式(2-7)中,D_1 为吊环外径,D_2 为吊环内径。则液体表面张力系数为

$$\alpha = \frac{F - mg}{\pi\left(D_1 + D_2\right)} \qquad \text{式(2-8)}$$

硅压阻式力敏传感器由弹性梁和贴在梁上的传感器芯片组成,其中芯片由四个硅扩散电阻集成为一个非平衡电桥。当外界压力作用于弹性梁时,在压力作用下,电桥失去平衡,此时将有电压信号输出,其输出电压大小与所加外力成正比,即

$$U = KF \qquad \text{式(2-9)}$$

式中,F 为外力的大小,K 为硅压阻式力敏传感器的灵敏度,U 为传感器输出电压的大小。

首先对硅压阻力敏传感器进行定标,然后求得传感器的灵敏度 $K(\text{mV/N})$,再测出吊环在即将拉脱液面时 $F=mg+f$ 时数字电压表读数 U_1,记录拉脱后 $F=mg$ 时数字电压表的读数 U_2,代入式(2-8)得

$$\alpha = \frac{U_1 - U_2}{K\pi\left(D_1 + D_2\right)}$$

【实验器材】

液体表面张力系数测定仪(硅扩散电阻非平衡电桥的电源、测量电桥失去平衡时输出电

压大小的数字电压表)、铁架台、微调升降台、力敏传感器的固定杆、玻璃皿、环形吊片等,如图 2-4 所示。

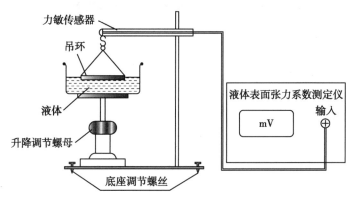

图 2-4　液体表面张力系数测定装置

【实验步骤】

1. 力敏传感器的定标　每个力敏传感器的灵敏度都有所不同,在实验前,应先将其定标,定标步骤如下:

(1)打开仪器的电源开关,将仪器预热。

(2)在传感器梁端头小钩中,挂上砝码盘,调节调零旋钮,使数字电压表显示为 0。

(3)在砝码盘上分别加 0.5、1.0、1.5、2.0、2.5、3.0g 等质量的砝码,记录相应这些砝码力 F 作用下,数字电压表的读数值 U,并填入表 2-3 中。

表 2-3　传感器灵敏度的测量

砝码质量 m/g	0.5	1.0	1.5	2.0	2.5	3.0
输出电压 U/mV						

(4)用最小二乘法作直线拟合,求出传感器灵敏度 K。

2. 环的测量与清洁

(1)用游标卡尺测量环形吊片的外径 D_1 和内径 D_2。

(2)环的表面状况与测量结果有很大的关系,实验前应将环形吊片在 NaOH 溶液中浸泡 20~30 秒,然后用纯净水洗净。

3. 测量液体的表面张力系数

(1)将环形吊片挂在传感器梁端头的小钩上,调节升降台,将液体升至靠近环片的下沿,观察环形吊片下沿与待测液面是否平行,如果不平行,将环形吊片取下后,调节环形吊片上的细丝,使环形吊片下沿与待测液面平行。

(2)调节升降台,使其渐渐上升,将环形吊片的下沿部分全部浸没于待测液体,然后反向调节升降台,使液面逐渐下降,这时环形吊片和液面间形成一环形液膜,继续下降液面,测出环形液膜即将拉断前一瞬间数字电压表读数值 U_1 和液膜拉断后数字电压表读数值 U_2。将测量值填入表 2-4 中。

(3)将实验数据代入式(2-8),求出液体的表面张力系数,并与标准值进行比较。

表 2-4   液体的表面张力系数的测量

金属环外径 $D_1=$_____cm,内径 $D_2=$_____cm,液体的温度 $T=$_____℃

测量次数	U_1/mV	U_2/mV	$\triangle U$/mV	$f/\times 10^{-3}$N	$\alpha/\times 10^{-3}$N/m
1					
2					
3					
4					
5					

4. 实验结果的记录

(1)测量数据记录在表 2-3、表 2-4 中。

(2)数据处理

1)经最小二乘法拟合得传感器输出电压与砝码质量关系,灵敏度 $K=$_____mV/N,拟合的线性相关系数 $r=$_____。

2)计算水的表面张力系数平均值:$\bar{\alpha}=$____N/m;查表(表 2-5)得水的表面张力系数标准值为_____N/m,计算相对误差 $E=$____%。

(3)同样方法测量并计算乙醇表面张力系数平均值:$\bar{\alpha}=$_____N/m。

依据乙醇在 10~70℃时,其表面张力系数 α 可以表示为 $\alpha=a-b\Delta T$,其中 $a=24.05\times 10^{-3}$N/m,$b=0.083\,2\times 10^{-3}$N/(m·K),$\Delta t=t-273.15$。

求得乙醇的表面张力系数标准值为____N/m,相对误差 $E=$____%。

表 2-5   水和空气界面的表面张力系数

T/℃	$\alpha/(\times 10^{-2}$N/m)	T/℃	$\alpha/(\times 10^{-2}$N/m)	T/℃	$\alpha/(\times 10^{-2}$N/m)
0	7.564	16	7.334	24	7.213
5	7.492	17	7.319	25	7.197
10	7.422	18	7.305	26	7.182
11	7.407	19	7.290	27	7.166
12	7.393	20	7.275	28	7.150
13	7.378	21	7.259	29	7.135
14	7.364	22	7.244	30	7.118
15	7.349	23	7.228	40	6.956

【注意事项】

1. 环形吊片须严格处理干净。可用 NaOH 溶液洗净油污及杂质后,用纯净水冲洗干净,并用热吹风烘干。

2. 环形吊片下沿与待测液面要保持平行。偏差 1°,测量结果引入的误差为 0.5%;偏差 2°,则引入的误差为 1.6%。

3. 仪器开机后需预热 15 分钟。

4. 在旋转升降台时,尽量使液体的波动小。

5. 实验室内不可有风,以免环形吊片摆动致使零点波动而使所测系数不正确。

6. 若液体为纯净水,在使用过程中防止灰尘和油污及其他杂质污染,特别注意手指不要接触被测液体。

7. 力敏传感器使用时用力不宜大于 0.098N,过大的拉力容易损坏传感器。

8. 实验结束后,须将环形吊片用清洁纸擦干包好,放入干燥缸内。

【思考题】

1. 实验前为什么要清洁环形吊片?

2. 实验中有哪些因素可影响测量准确度?

（梁媛媛）

实验三　杨氏模量的测量

【实验目的】

1. 掌握用光杠杆法测量微小形变的原理和方法。
2. 学会用逐差法处理实验数据,测定金属丝样品的杨氏模量。
3. 学会光杠杆和望远镜系统尺组的调整。

【实验原理】

杨氏模量(Young modulus)是描述固体材料抵抗形变能力的物理量。弹性材料承受正向应力时会产生正向应变,在形变量没有超过对应材料的弹性限度时,正向应力与正向应变的比值为这种材料的杨氏模量。杨氏模量是表示物体变形的难易程度的重要物理量,它是工程技术中常用的参数,是选定机械构件材料的依据之一。杨氏模量越大,物体越不容易变形。

测量杨氏模量的方法很多,本实验介绍光杠杆法测量金属丝的杨氏模量。

1. 杨氏模量　任何物体受到外力作用的时候都要发生形变,外力撤除后物体能完全恢复原状的形变,称为弹性形变。本实验只测量弹性形变范围内金属丝沿长度方向的杨氏模量。

设有一截面积为 S、长度为 L 的粗细均匀金属丝,受到外力 ΔF 的作用而发生形变,伸长了 ΔL。则金属丝所受的应力为单位截面积上的内力,是 $\Delta F/S$;而金属丝的应变就是金属丝的相对伸长量为 $\Delta L/L$。在弹性限度内,它的应力与应变成正比,满足胡克定律,即

$$\frac{\Delta F}{S} = E \frac{\Delta L}{L}$$

而杨氏模量为应力与应变的比值

$$E = \frac{\Delta F / S}{\Delta L / L} = \frac{\Delta FL}{S\Delta L} \qquad \text{式(3-1)}$$

式(3-1)中,E 就是该材料的杨氏模量。实验表明,杨氏模量 E 仅决定于材料本身的性质,而与外力 ΔF,物体的长度 L 以及截面积 S 的大小无关,它是表征固体材料性质的一个重要物理量。

本实验利用静态拉伸法测定金属丝的杨氏模量。在实验过程中,采用一种测量微小长度的方法——光杠杆法。光杠杆法能够进行非接触式的放大测量,简便、直观、精度高。

2. 光杠杆系统及其测量原理　由式(3-1)式可知,S、L、ΔF 都容易测出,只有微小伸长量 ΔL 用通常测长度仪器不易测准确。为此,本实验用光杠杆放大的方法测量 ΔL,实验仪器装置如图 3-1 所示。

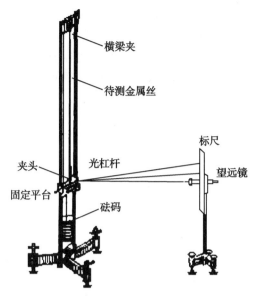

图 3-1　杨氏弹性模量仪

下面介绍光杠杆法测量原理,其测量装置如图 3-2(a)所示。光杠杆装置包括光杠杆镜架和镜尺两大部分。光杠杆镜架将一直立的平面反射镜装在一个三脚支架的一端。

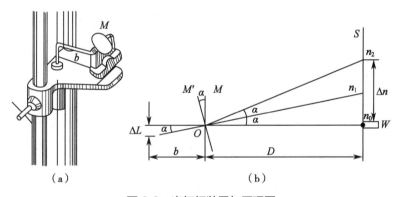

（a）　　　　　　　　　　（b）

图 3-2　光杠杆装置与原理图

尺读望远镜结构如图 3-3 所示。在望远镜镜筒内的分划板上,有上下对称两条水平刻线——视距线。测量时,望远镜水平且对准光杠杆镜架上的平面反射镜,经光杠杆平面镜反射的标尺虚像又成实像于分划板上,从视距线上可读出标尺像上的读数。

光杠杆法测量原理参见图 3-2(b)。设开始时在标尺 S 上的标度线为 n_0,平面镜 M 的法线 On_0 在水平位置。从刻度尺发出的光通过平面镜 M 反射后进入望远镜 W 被观察到。当金属丝伸长后,平面镜 M 及其支架的后脚随金属丝下落 ΔL,带动 M 转动至 M',转动

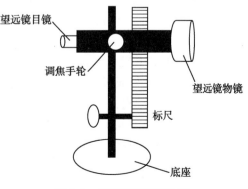

图 3-3　尺读望远镜结构图

角度为 α；与此同时，法线 On_0 也转动到 On_1，转动角度为同一角度 α。根据光的反射定律，从 n_2 发出的光经平面镜反射后进入望远镜而可以被观察到。由光线的可逆性，从 n_0 发出的光将反射至 n_2，而且 $\angle n_0 On_1 = \angle n_2 On_1 = \alpha$。反射线实际上改变 2α 角，因为当平面镜 M 转过 α 角，其法线亦转过 α 角。设光杠杆后脚至两前脚连线的垂直距离为 b，镜面到标尺距离为 D，则

$$\tan\alpha = \frac{\Delta L}{b}, \quad \tan 2\alpha = \frac{\Delta n}{D}, \quad \Delta n = n_2 - n_0$$

由于 α 角极小，故有 $\Delta L \ll b$。而角度很小的情况下，正切和角度的弧度近似相等，所以

$$\alpha \approx \frac{\Delta L}{b}, \quad 2\alpha \approx \frac{\Delta n}{D}$$

得到
$$\Delta L = \frac{b\Delta n}{2D} \qquad\qquad 式(3-2)$$

加上 $S = \frac{1}{4}\pi d^2$（d 是金属丝直径）

将以上二式代入式(3-1)，得到杨氏模量表达式为

$$E = \frac{\Delta FL}{S\Delta L} = \frac{8\Delta FLD}{\pi d^2 b\Delta n} \qquad\qquad 式(3-3)$$

【实验器材】

用光杠杆法测量杨氏弹性模量装置一套(包括望远镜、光杠杆、杨氏模量仪、砝码、标尺)、金属丝、螺旋测微器、游标卡尺和直尺等。

【实验步骤】

1. 调节底座螺钉，使杨氏模量仪的支架垂直(可以利用水准仪检查，一般已由实验技术人员调好)。使待测金属丝下端的夹具，能够在平台圆孔中自由悬垂，可做周围无摩擦的上下移动。

2. 验证金属丝下端与平台孔是否能自由滑动。在金属丝下端挂上砝码钩并放一定质量(0.5kg 或 1.0kg)的砝码(在测量计算中不计其重量)，使金属丝自然伸直。

3. 将光杠杆平面镜放在工作台上，两前脚在工作台的横槽内，后足放在架子上与金属丝几乎接触，但不得与金属丝相碰。光杠杆平面镜与望远镜的最短距离为 0.65m。目测调节使平面镜垂直平台，望远镜平行地面，并使望远镜与光杠杆等高、标尺垂直地面。

4. 粗调光路共轴　开始时不要从望远镜内部观察，应先从望远镜的上面，通过准心和缺口观察光杠杆的平面镜里是否有标尺的像。若没有，可通过移动望远镜支架而使像最终出现在平面镜内。

5. 细调光路共轴　旋转目镜，使望远镜分划板上的十字叉丝清晰。移动标尺架和微调平面镜的仰角，使得通过望远镜筒上的准心往平面镜中观察，能看到标尺的像；从望远镜内观察光杠杆反射镜内标尺的像，调节物镜的调焦手轮，使标尺刻度成像清晰，而且当眼睛上下移动时，十字叉丝与标尺刻度之间没有相对移动(消除视差)。眼睛在目镜处微微上下移动，如果叉丝的像与标尺刻度线的像出现相对位移，应重新微调目镜和物镜，直至视差消除为止。

6. 在开始已经放一个砝码的情况下，记录十字叉丝水平对准的标尺刻度 n_0。依次增加

砝码(每次增加 0.5kg 或 1.0kg),从望远镜中观察标尺刻度的变化,并依次记下相应的标尺刻度 $n_1, n_2, \cdots, n_5 \cdots$ (砝码数量根据各金属丝的弹性限度而调整)。

7. 依次取下砝码(每次减 0.5kg 或 1.0kg,根据砝码个数和质量酌情处理),记下相应的刻度值。

8. 用直尺测量钢丝长度 L,单次测量。用直尺测量平面镜标尺的距离 D,三次测量。

9. 将光杠杆放在一张纸上,压出三个足迹后,用游标卡尺测量后足至两前脚连线的垂直距离 b(光杠杆常数),重复三次。

10. 用千分尺分别测出钢丝上、中、下三个部位的直径 d,共测三次取平均值。记录各测量数据,填入表 3-1 中。

表 3-1　测金属丝直径数据表

	1	2	3	平均值
直径 d/mm				
光杠杆常数 b/mm				
平面镜与标尺距离 D/cm				

11. 用逐差法处理标尺读数(参考表 3-2)。

表 3-2　标尺读数和砝码重量对照表

序号	F_i/N (g=10N/kg)	标尺读数 /m		
		增加砝码 n_i	减少砝码 n_i'	平均 $\overline{n_i}$
0				
1				
2				
3				
4				
5				
6				
7				

根据砝码数量和重量,采用隔四项或三项逐差法酌情处理数据。其中三项逐差法求平均的公式为: $\Delta n = \dfrac{1}{3}\left[\dfrac{(\overline{n_3} - \overline{n_0})}{2} + \dfrac{(\overline{n_4} - \overline{n_1})}{2} + \dfrac{(\overline{n_5} - \overline{n_2})}{2}\right]$,计算出 Δn,同样方法计算 ΔF,带入杨氏模量计算公式,即可求得杨氏模量的值。

$$E = \frac{8\Delta FLD}{\pi d^2 b \Delta n} = \underline{\qquad} \text{N/m}^{-2}$$

【注意事项】

1. 加砝码时,所加重量一定要在钢丝的弹性限度内,所加砝码总数不超过每套装置所配备的砝码数量。

2. 砝码开口部位要对称放置,尽可能使砝码的重量竖直向下,减少切向形变。每次增加或者取下砝码后要稍待一段时间,要使金属丝的伸长或缩短达到充分稳定后,再从望远镜上读取标尺上的刻度值。

3. 测量时注意不要将光杠杆平面镜掉到实验台或者地上,该平面镜是玻璃制品,为易碎物品。

4. 通过望远镜观察标尺时,眼睛要正对望远镜,不要忽高忽低而引起视差。

5. 不要用手触摸平面镜和望远镜镜面,以免污染镜面。

6. 实验装置调好后,一旦开始测量 n_i,绝对不能对实验装置的任何一部分进行任何调整。

7. 实验完成后,应将砝码取下,防止钢丝疲劳。

【思考题】

1. 简述光杠杆的放大作用有何优点。

2. 实验中哪些物理量需要特别准确测量? 为什么是这些量?

3. 两根金属丝材料相同、粗细不同,它们的杨氏模量是否相同?

(盖志刚)

各种流体(液体、气体)都具有不同程度的黏性。当物体在液体中运动时,会受到附着在物体表面并随物体一起运动的液层与邻层液体间的摩擦阻力,这种阻力称为黏滞力。流体的黏滞程度用黏滞系数表征,它取决于流体的种类、速度梯度,且与温度有关。

液体黏滞系数的测量在医疗卫生、工业生产、科学研究等领域都非常重要。例如,人体血液黏度增大会使供血和供氧不足,引起心脑血管疾病;石油在封闭管道长距离输送时,其输运特性与黏滞性密切相关,在设计管道前必须测量被输石油的黏度等。液体黏滞系数的测量有多种方法,以下实验涉及的方法为比较法(奥氏黏度计)和落球法(斯托克斯定律)。

一、比　较　法

【实验目的】

1. 学会用比较法测定液体黏滞系数。
2. 了解泊肃叶定律的应用。

【实验原理】

不可压缩的黏性液体在均匀细管中做定常流动时,根据泊肃叶定律可知,其通过管中任一横截面的流量 Q 与管两端的压强差 $\Delta p = p_1 - p_2$ 之间有如下关系

$$Q = \frac{\pi R^4 \Delta p}{8L\eta} = \frac{S^2}{8\pi L\eta}\Delta p \qquad\qquad 式(4\text{-}1)$$

式中, L 、 R 、 S 分别为管的长度、内半径和内横截面积, η 为液体的黏滞系数。因此在时间 t 内,流经细管 L 某一横截面 S 的液体体积 V 为

$$V = Qt = \frac{S^2}{8\pi L\eta}\Delta p t \qquad\qquad 式(4\text{-}2)$$

虽然由式(4-1)或式(4-2)即可得到所在温度下液体的黏滞系数 η ,但公式中需要测量的物理量过多,这导致所测得的黏滞系数 η 误差较大。因此,常用比较法进行测量。

所谓的比较法,是指在相同条件下,用相同体积的已知黏滞系数液体与待测液体进行比较,来测得待测液体黏滞系数的方法。选用蒸馏水作为已知液体,无水乙醇作为待测液体,黏滞系数分别记作 η_1 和 η_2 。在相同条件下,相同体积的蒸馏水和无水乙醇,依靠自身重力依次流过细管同一横截面 S ,所需时间分别为 t_1 和 t_2 ,则有

$$V_1 = \frac{S^2}{8\pi L\eta_1}\Delta p_1 t_1 \;,\; V_2 = \frac{S^2}{8\pi L\eta_2}\Delta p_2 t_2$$

式中,体积 $V_1 = V_2$,两式相比可得

$$\frac{\eta_2}{\eta_1} = \frac{\Delta p_2}{\Delta p_1}\cdot\frac{t_2}{t_1}$$

又由于压强差之比等于密度之比,故上式又可写成

$$\frac{\eta_2}{\eta_1} = \frac{\rho_2}{\rho_1}\cdot\frac{t_2}{t_1} \; 或 \; \eta_2 = \frac{\rho_2}{\rho_1}\cdot\frac{t_2}{t_1}\cdot\eta_1 \qquad\qquad 式(4\text{-}3)$$

式(4-3)中,ρ_1 和 ρ_2 分别为蒸馏水和无水乙醇的密度。实验温度下,蒸馏水密度 ρ_1、无水乙醇密度 ρ_2 和蒸馏水黏滞系数 η_1 为已知数据,可查表 4-3 得到。时间 t_1、t_2 可由实验测得。代入式(4-3)即可求得无水乙醇的黏滞系数 η_2。

【实验器材】

奥氏黏度计、恒温器、温度计、秒表、移液管、吸耳球或注射器、蒸馏水、无水乙醇、烧杯等。

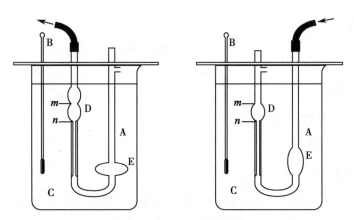

图 4-1 奥氏黏度计装置图

奥氏黏度计通常有两种,如图 4-1 所示,使用方法大体相同。"U"形玻璃管状的奥氏黏度计 A 和温度计 B 置于盛满水的恒温器 C 内。"U"形玻璃管的右下部有一玻璃泡 E,左上部有一玻璃泡 D。在 D 泡的上下各有一刻痕 m 和 n,两刻痕之间管内的体积是一定的。本实验就是要测量该体积的液体流经刻痕 n 所需要的时间。

【实验步骤】

1. 先用蒸馏水将奥氏黏度计洗涤干净,然后将其铅直装入恒温器内。恒温器内水面应该超过玻璃泡 D,以保证待测液体处于恒温环境。同时把温度计插入恒温器中,记录实验前的水温 T_1(若具有恒温加热装置,可按仪器说明设定所需温度),将数据填入表 4-1 中。

2. 先用少量蒸馏水冲洗奥氏黏度计,将废液倒入废液烧杯内。用移液管将适量蒸馏水注入奥氏黏度计至 E 泡的上半端,不要超过 E 泡的高度。

3. 用吸耳球(或注射器)将蒸馏水吸至 D 泡的刻痕 m 之上,但不要让蒸馏水进入胶管。

用手捏住胶管,撤去吸耳球(或注射器)。

4. 松开胶管,使蒸馏水依靠自身重力下落,当液面下降到刻痕 m 时,开始计时,液面下降到刻痕 n 时,计时停止,时间间隔记为 t_1。按照步骤 3~4,重复测量五次。将测量数据填入表 4-1 中。

5. 倒出蒸馏水至烧杯内,先用少量无水乙醇冲洗奥氏黏度计,将废液倒入烧杯内。再用移液器取与蒸馏水等体积无水乙醇注入奥氏黏度计,按步骤 3~4 测定无水乙醇下落过程的时间 t_2,同样重复测量五次。将测量数据填入表 4-1 中。

6. 记录实验后的水温 T_2,结合实验前的水温 T_1,求出平均水温 $\overline{T}$ (也可记录恒温加热装置所显示水温)。由表 4-3 查出(或用线性插值法计算出)蒸馏水的密度 ρ_1、无水乙醇密度 ρ_2 和蒸馏水的黏滞系数 η_1。将数据填入表 4-1 中。

7. 分别计算 t_1 和 t_2 的平均值 $\overline{t_1}$ 和 $\overline{t_2}$,绝对误差 Δt_1 和 Δt_2,平均绝对误差 $\overline{\Delta t_1}$ 和 $\overline{\Delta t_2}$。将计算数据填入表 4-1 中。

8. 用式(4-3)求出无水乙醇黏滞系数的平均值

$$\overline{\eta_2} = \frac{\rho_2}{\rho_1} \cdot \frac{\overline{t_2}}{\overline{t_1}} \cdot \eta_1 = \underline{\hspace{3cm}} \text{Pa·s}$$

相对误差　$E = \dfrac{\overline{\Delta \eta_2}}{\overline{\eta_2}} = \left(\dfrac{\overline{\Delta t_1}}{\overline{t_1}} + \dfrac{\overline{\Delta t_2}}{\overline{t_2}} \right) \times 100\% = \underline{\hspace{2.5cm}}$

绝对误差　$\overline{\Delta \eta_2} = E\overline{\eta_2} = \underline{\hspace{3cm}} \text{Pa·s}$

黏滞系数的标准表达式　$\eta_2 = \overline{\eta_2} \pm \overline{\Delta \eta_2} = \underline{\hspace{3cm}} \text{Pa·s}$

9. 将无水乙醇倒入烧杯内,用少量蒸馏水冲洗奥氏黏度计两次,废液倒入烧杯内。改变恒温器中水的温度,测量不同水温 T 中蒸馏水流过 m、n 刻痕所需的时间 t,将测量数据填入表 4-2 中,可定性了解蒸馏水黏度随温度变化的情况。

10. 取出温度计擦干其表面水分。将蒸馏水倒入烧杯内,再倒掉烧杯内废液。整理其他实验用品,恢复原位,并清理擦干净试验台。

表 4-1　蒸馏水与无水乙醇的实验数据

$T_1/℃$	$T_2/℃$	$T/℃$	$\rho_1/(kg/m^3)$	$\rho_2/(kg/m^3)$	$\eta_1/(Pa·s)$
次数	t_1/s	$\Delta t_1/s$		t_2/s	$\Delta t_2/s$
1					
2					
3					
4					
5					
平均值					

表 4-2   定性了解蒸馏水的黏度随温度变化

	1	2	3
$T/°C$			
t/s			
结论			

表 4-3   不同温度下蒸馏水、无水酒精的密度和蒸馏水的黏滞系数

$T/°C$	$\rho_1/(×10^3kg/m^3)$	$\rho_2/(×10^3kg/m^3)$	$\eta_1/(×10^{-3}Pa·s)$
10.0	0.999 73	0.797 88	1.307
11.0	0.999 63	0.797 04	1.271
12.0	0.999 52	0.796 20	1.236
13.0	0.999 40	0.795 35	1.203
14.0	0.999 27	0.794 51	1.170
15.0	0.999 13	0.793 67	1.140
16.0	0.998 97	0.792 83	1.111
17.0	0.998 80	0.791 93	1.083
18.0	0.998 62	0.791 14	1.056
19.0	0.998 42	0.790 29	1.030
20.0	0.998 23	0.789 45	1.005
21.0	0.998 02	0.788 60	0.981 0
22.0	0.997 80	0.787 75	0.958 7
23.0	0.997 57	0.786 91	0.935 8
24.0	0.997 32	0.786 05	0.914 2
25.0	0.997 07	0.785 22	0.893 7
26.0	0.996 81	0.784 37	0.873 7
27.0	0.996 54	0.783 52	0.854 5
28.0	0.996 26	0.782 67	0.836 0
29.0	0.995 97	0.781 82	0.818 0
30.0	0.995 67	0.780 97	0.800 7
31.0	0.995 37	0.780 12	0.784 0
32.0	0.995 05	0.779 27	0.767 9
33.0	0.994 73	0.778 41	0.752 3
34.0	0.994 40	0.777 56	0.737 1

注: 温度非整数数值时, 采用线性插值法求近似值, 线性公式: $y = y_0 + (y_1 - y_0)\dfrac{x - x_0}{x_1 - x_0}$ 。如要查 22.4℃水的黏度, 温度 22.4℃介于 22.0℃到 23.0℃之间, 从表中只能查出 22.0℃及 23.0℃时水的黏度。此情况 $x = 22.4℃$; $x_0 = 22.0℃$, $x_1 = 23.0℃$, $y_0 = 0.958\ 7 × 10^{-3}Pa·s$, $y_1 = 0.935\ 8 × 10^{-3}Pa·s$, 则 $y = 0.958\ 7 × 10^{-3} + (0.935\ 8 × 10^{-3} - 0.958\ 7 × 10^{-3}) × \dfrac{22.4 - 22.0}{23.0 - 22.0} = 0.949\ 1 × 10^{-3}Pa·s$。

【注意事项】

1. 用吸耳球吸液体时, 切记不可将液体吸入橡皮管中。

2. 测蒸馏水和待测液体乙醇时,注入液体的液面应在玻璃泡 E 的上半端,但不超过玻璃泡 E 的高度。

3. 所有器材均为易碎品,操作时要小心。

4. 读数时温度计要继续留在液体中,视线要与温度计中液柱的上表面相平。

【思考题】

1. 为什么将奥氏黏度计用待测液体清洗后才可倒入该待测液体进行测量?

2. 压强差之比为何等于密度之比?

3. 公式 $\overline{\eta_2} = \dfrac{\rho_2}{\rho_1} \cdot \dfrac{\overline{t_2}}{\overline{t_1}} \cdot \eta_1$ 中的有效数字应如何确定?

（张 宇）

二、落 球 法

【实验目的】

1. 了解用斯托克斯公式测定液体黏滞系数的原理。

2. 学会用落球法测定液体黏滞系数,研究黏滞系数随温度的变化关系。

3. 掌握用逐差法和图解法处理数据的技巧。

【实验原理】

本实验采用落球法测定液体的黏滞系数。当质量为 m、体积为 V 的光滑金属小球在无限深广的液体(密度为 ρ)中下落时,将同时受到三个竖直方向力的作用:重力 mg,液体对小球的浮力 F 及黏滞阻力 f。当该小球的直径 d 及下落速度 u 均很小,且液体均匀且无限深广时,由斯托克斯公式,得出小球在下落过程中所受液体的黏滞阻力

$$f = 3\pi \eta u d \qquad\qquad 式(4\text{-}4)$$

式中,η 是液体的黏滞系数。

当小球开始下落时,由于重力大于竖直向上的浮力与黏滞阻力之和,如图 4-2(a)所示,小球向下作加速度运动。由于黏滞阻力与小球的速度 u 成正比,小球在下落很短一段距离后黏滞阻力逐渐加大,当速度达到一定值 u_0(收尾速度)时,三个力达到平衡,小球将做匀速运动。即

$$mg = \rho g V + 3\pi \eta u d \qquad\qquad 式(4\text{-}5)$$

将 $u = u_0$ 代入式(4-2),得

$$\eta = \frac{(m - \rho V)\,g}{3\pi u_0 d} \qquad\qquad 式(4\text{-}6)$$

实验测量时由于液体必须盛在容器中,如图 4-2(b)所示。因小球则沿圆筒中心轴线下降,故不能满足无限深广的条件,且容器的边界对球体受到的黏滞力也有影响,因此必须对式(4-6)进行如下修正才符合实际情况,即

$$\eta = \frac{(m - \rho V)g}{3\pi u_0 d} \cdot \frac{1}{(1 + 2.4d/D)(1 + 3.3d/2H)} \qquad\qquad 式(4\text{-}7)$$

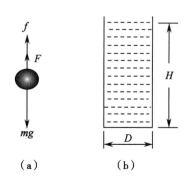

（a）　　（b）

图 4-2　小球在液体中下落

式中,D 为盛液体圆筒的内直径,H 为圆筒中液柱的高度。

本实验所使用的液体为蓖麻油,当温度 $T=0℃$ 时,$\rho_0=1.26×10^3kg/m^3$。当温度变化时,密度也随之变化,其变化关系为:$\rho=\rho_0/(1+\beta T)$,$\beta=5×10^{-4}/℃$,为蓖麻油体膨胀系数。

【实验器材】

变温黏滞系数测定仪、多光电门智能计时器、4 位数显恒温加热装置、热水泵、天平、螺旋测微计、游标卡尺、温度计、铝球、待测液体等。

1. 液体黏滞系数测定仪　液体黏滞系数测定的实验装置图如图 4-3 所示,其中的主机体即为液体黏滞系数测定仪。

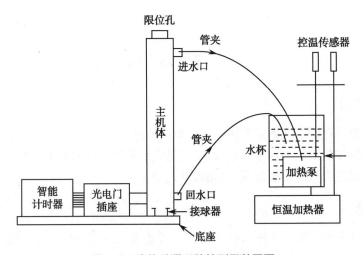

图 4-3　液体黏滞系数的测量装置图

在实际测量时需注意以下几点:

(1)正式实验前,应先试验将小球从限位孔放入盛蓖麻油的主机体,让其自由下落。观察小球是否能阻挡红色激光束的光线,若不能,则适当调整容器底座,使容器底座保持水平。

(2)使小球沿油筒中心轴线下落,保证测量误差小、重复性好。

(3)油筒内的接球器要及时清理,接球器内不要出现小球堆积。

2. 多光电门智能计时器　实验采用的多光电门智能计时器,如图 4-4 所示。可以提高计时的准确性,进而提高实验精度。

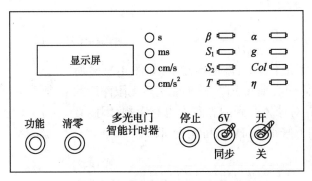

图 4-4　多光电门智能计时器

【实验步骤】

（一）测定室温下液体的黏滞系数

1. 调节测定仪底座水平 按照实验装置图 4-3 连接线路。在主体机横梁的中部悬挂一重锤,调整仪器底座,使黏滞系数测定仪上的圆筒成铅直状态。用游标卡尺和直尺分别测出盛蓖麻油圆筒的内直径 D 及蓖麻油的高度 H。

2. 接通智能计时器并使其进行自检 打开水泵开关,使水箱与外筒内的水能实现循环,使外筒水位与蓖麻油的液面等高。

3. 用天平称出 10~20 个小球的总质量 M,算出每个小球的质量 m。用螺旋测微器测量小球的直径 d 三次,编号待用。

4. 调节 4 位数显恒温加热装置,使温度指示至 15℃ 左右,如果室温高于 15℃,可在水箱中放入适量冰块,使其降至所需温度。待大约 10 分钟后,内箱的蓖麻油温度与外筒间的水温基本达到平衡。(若不使用恒温加热装置,可以在实验开始时用温度计测量油的温度,在全部小球下落完毕之后再测量一次油温,取两者的平均值作为实际油温。)

5. 用液体密度计测量蓖麻油的密度(在室温下,蓖麻油的密度 $\rho=962.0\text{kg/m}^3$)。

6. 将小球先放在蓖麻油内浸一下,然后用镊子夹起放在圆筒顶端的定位盖中心孔上,让其自由下落。当小球下落经过各光电门时,计时器应显示 0、1、2、…、7 各数字,此时说明小球已完成挡光。

(1) 按 停止 键,屏幕将循环显示所测时间 t_n。

(2) 再次按 停止 键,屏幕按 "逐差法" 循环显示逐次相减的时间数据 $t_{n-(n-1)}$。如图 4-5 所示。

(3) 继续按 停止 键,屏幕按 "逐差法" 循环显示等间隔相减的时间数据 $t_{n-(n-2)}$,以此类推。停止 键是屏幕显示切换键,屏幕显示可在 t_n、$t_{n-(n-1)}$、$t_{n-(n-2)}$ 等值之间的切换。算出 u_0。

7. 将以上数据代入式(4-7),得到该温度时蓖麻油的黏滞系数。与该温度时蓖麻油黏滞系数的标准值比较,计算相对误差。

（二）研究液体在不同温度下的黏滞系数与温度的关系

调节 4 位数显恒温加热装置的预定开关,改变测量点的温度,每次上升 3~4℃ 为一个测量点,重复上面各步骤,每个温度点恒温时间应超过 10 分钟,以保证蓖麻油内部温度均匀。共测出 5 个以上不同温度的 t 值。

数据处理

1. 按实验要求独立设计表格。

2. 根据 $u_0=s/t$ 分别算出不同温度下匀速下降的速度。

3. 按式(4-7),测出不同温度下蓖麻油的黏滞系数。

4. 以温度 T 为横坐标、黏滞系数 η 为纵坐标,绘出 $\eta\sim T$ 的关系曲线图。

5. 从实验曲线上测出 $T=20℃$ 及 $T=25℃$ 的实验值,并与表 4-4 中所给的公认值比较,计算出相对误差。

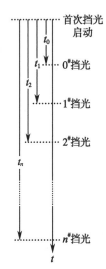

图 4-5 计时器光电门

表 4-4　蓖麻油在不同温度的黏滞系数

T/℃	η/ (Pa·s)	T/℃	η/ (Pa·s)	T/℃	η/ (Pa·s)	T/℃	η/ (Pa·s)	T/℃	η/ (Pa·s)
4.50	4.00	13.00	1.87	18.00	1.17	23.00	0.75	30.00	0.45
6.00	3.46	13.50	1.79	18.50	1.13	23.50	0.71	31.00	0.42
7.50	3.03	14.00	1.71	19.00	1.08	24.00	0.69	32.00	0.40
9.50	2.53	14.50	1.63	19.50	1.04	24.50	0.64	33.50	0.35
10.00	2.41	15.00	1.56	20.00	0.99	25.00	0.60	35.50	0.30
10.50	2.32	15.50	1.49	20.50	0.94	25.50	0.58	39.00	0.25
11.00	2.23	16.00	1.40	21.00	0.90	26.00	0.57	42.00	0.20
11.50	2.14	16.50	1.34	21.50	0.86	27.00	0.53	45.00	0.15
12.00	2.05	17.00	1.27	22.00	0.83	28.00	0.49	48.00	0.10
12.50	1.97	17.50	1.23	22.50	0.79	29.00	0.47	50.00	0.06

【注意事项】

1. 实验中要保持蓖麻油中无气泡。彻底清洗小球表面的污渍,小球要圆,蓖麻油须处于静止状态,测定仪上的圆筒要保持处于铅直状态。

2. 实验过程中应避免蓖麻油洒落仪器外。

3. 当小球下落经过各光电门时,如挡光次数过少,则需检查测定仪的底座是否水平等。

4. 由于小球的体积很小,实验时一定要认真仔细,防止遗失。

【思考题】

1. 小球表面粗糙或有油脂、尘埃,对实验结果有什么影响?

2. 为什么小球一定要沿着测定仪圆筒的轴线下落? 如果投入的小球偏离其中心轴线,会对实验结果产生什么影响?

(支壮志)

实验五　电流计的改装与校准

【实验目的】

1. 掌握对给定的电流计扩展其电流和电压的量程的方法。
2. 学会用替代法测定电流计的内阻。
3. 培养学生独立设计实验的能力。

【实验原理】

电流计(表头)只允许微安量级的电流通过,只能测量很小的电流与电压,若用它来测量较大的电流和电压,就必须进行改装。各种多量程表(包括万用表)多是利用这种方法制成。

1. 电流计的量程　实验室用的电流计大部分是磁电式电表(指针偏转的角度与通过的电流成正比),其偏转的角度是有限的,最大偏转角度对应的电流值就是该电流计的量程 I_g。

2. 电流计量程的扩大　若测量超过电流计量程的电流,必须扩大其量程。方法是在电流计的两端并联一个分流电阻 R_p,如图 5-1 所示。图中虚线框内电流计和电阻 R_p 组成了一个新的电流表。

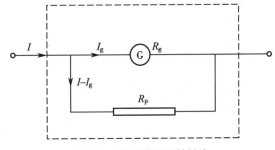

图 5-1　电流表量程的扩大

设改装后表的量程为 I,则当流入电流为 I 时,由于通过电流计的电流为 I_g,所以流过 R_p 的电流为 $I-I_g$。由于

$$U_g = I_g \cdot R_g \qquad\qquad 式(5\text{-}1)$$

R_g 是电流计的内阻,则

$$R_p = \frac{I_g}{I-I_g} R_g \qquad\qquad 式(5\text{-}2)$$

令 $\dfrac{I}{I_g}=n$,称为量程扩大的倍数,则分流电阻 R_p 为

$$R_p = \frac{1}{n-1} R_g \qquad\qquad 式(5\text{-}3)$$

当表头规格 I_g、R_g 测出后,根据要扩大量程的倍数,即可算出 R_p。同一电流计并联不同的分流电阻 R_p,就可以得到不同量程的电流表。

3. 电流计改装成电压表　电流计的满刻度电压很小,一般不到 1V。若要用它测量较大的电压,需在表头上串联分压电阻 R_s,如图 5-2 所示。虚线框中的电流计和分压电阻 R_s 组成了一个量程为 U 的电压表。由于

$$U = U_g + U_s = I_g \cdot R_g + I_g \cdot R_s \qquad\qquad 式(5\text{-}4)$$

所以

$$R_s = \frac{U}{I_g} - R_g \qquad\qquad 式(5\text{-}5)$$

　　只要测出 I_g、R_g 的值,即可根据所需扩大的电压表量程,由式(5-5)求出应串联的电阻。同一电流计串联不同的分压电阻 R_s 就可得到不同量程的电压表。

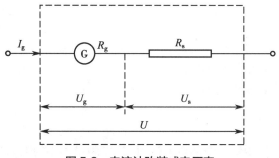

图 5-2　电流计改装成电压表

【实验器材】

电表改装与校准实验仪。

图 5-3　实验仪面板结构图

实验仪面板结构如图 5-3 所示。实验仪主要集成了三位半标准数字电压表和电流表，用于对改装后的电流表和电压表进行校准；一个量程 0~9 999.9Ω 可变电阻箱；一个内阻大约为 100Ω、100 等分、精度等级为 1.0 级的指针式被改装表头（电流计）；一个可调直流稳压电源，输出 0~1.999V；三个三位半数字显示屏以方便读数。

在改装电流表和电压表的实验中，学生可以将被改装电流计 G 的内阻 R_g 与可变电阻箱串、并联，以便人为改变表头内阻。

【实验步骤】

1. 测定电流计的内阻　电流计改装或扩大量程时，需要知道电流计的两个参数 I_g 和 R_g。I_g 可以由电流计满偏时，串联的标准电流表上读出，R_g 则需要测出。测量 R_g 的方法很多，本实验介绍其中的一种方法——替代法，其电路如图 5-4 所示。将被测电流计接在电路中读取标准电流表的电流值，然后切换开关 S 的位置，用十进位电阻箱替代它，并改变电阻 R_2 值，当电路中的电压不变时，使流过标准电流表的电流保持不变，则电阻箱的电阻值即为被改装电流计的内阻。

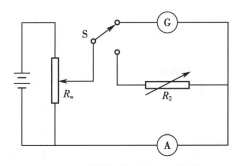

图 5-4　替代法测量电表内阻

2. 设计制作量程为 5.0mA 和 10.0mA 的电流表并验证。画出实验原理图，写出实验步骤。

3. 设计制作量程为 0.5V 和 1.0V 的电压表并验证。

4. 对实验结果进行详细讨论与分析。

【注意事项】

1. 注意不要接错表的正、负极。

2. 接好电路后，需经老师检查，合格后方可接通电源。

3. 按实验设计内容的要求独立设计实验、绘制实验线路图并写出详细的计算过程与结论。

【思考题】

1. 扩大量程的方法和条件是什么？

2. 如何校准刻度？

（高　杨）

实验六　万用表的使用

【实验目的】

1. 理解万用电表的基本构造、原理。
2. 掌握用万用电表测电阻、交直流电压和直流电流的方法。
3. 学会用万用电表检查线路故障。

【实验原理】

(一) 万用表结构原理

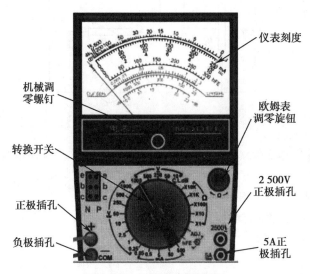

图 6-1　万用电表面板图

　　万用电表简称万用表,是一种由灵敏电流计与各种阻值的电阻及开关连接成的多功能测量仪表,可用来测量电阻、交直流电压、直流电流,有些还可测量交流电流。万用电表有多种类型,面板布局也有不同,但其基本功能、旋钮的作用和读数方法基本相同。某种万用电表面板图如图 6-1 所示。

　　万用表的表头一般为磁电式微安表头,表盘上有多种标度尺,允许通过的最大电流一般为几微安到几百微安。转换开关是由一些固定触点和活动触点组成,其作用是选择万用电表内不同的测量电路。测量电路是由电阻、整流元件和干电池组成,其作用是使表头适用于不同测量项目和测量范围。对于不同的测量项目,测量电路的结构是不同的。实际上,万用表是通过转换开关选择内部不同的测量电路,把微安表头改装成毫安计、伏特计或欧姆计。

1. 直流电流表　如图 6-2 所示,R_g 为表头内阻,I 为被测电流,I_g 为表头允许通过的最大电流,R_S 为与表头并联的电阻。由图可得:$I_g R_g = \left(I - I_g\right)R$,推出

$$R_S = \frac{I_g R_g}{I - I_g} = \frac{R_g}{\left(\dfrac{I}{I_g} - 1\right)} = \frac{1}{n-1}R_g$$

式中,$n = I / I_g$,可见,要把表头改装成量程为 $I = nI_g$ 的电流表,只要给表头并联一个阻值 $R_S = \dfrac{1}{n-1}R_g$ 的电阻即可。因此给表头并联不同阻值的电阻,就可以做成不同量程的直流电流表。

2. 直流电压表　微安表头本身也是一个量程很小的直流电压表。根据分压原理,表头与不同电阻串联就可以增大表头测量电压的范围,如图 6-3 所示。加在表笔(+、−)两端的电压 U 与表头上的电压 U_g 成正比。

即
$$\frac{U_g}{U} = \frac{R_g}{R_g + R}$$

推出
$$R_S = \left(\frac{U}{U_g} - 1\right)R_g = (n-1)R_g$$

式中,$n = U/U_g$。可见,要把表头改装成量程为 $U = nU_g$ 的电压表,只要给表头串联一个阻值 $R_S = (n-1)R_g$ 的电阻即可。因此给表头串联不同大小的电阻,就可以得到不同量程的直流电压表。

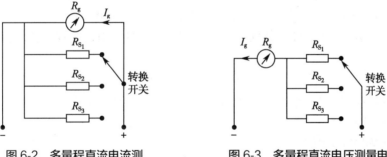

图 6-2　多量程直流电流测　　　　图 6-3　多量程直流电压测量电
　　　量电路原理图　　　　　　　　　　路原理图

3. 交流电压表　如图 6-4 所示,交流电经过整流器整流,变为直流电流通过表头,其原理与直流电压表相同。

4. 欧姆表　如图 6-5 所示,E 为电源(通常为干电池),电动势为 ε、内阻为 r,R 为可变电阻,R_S 为限流电阻,R_x 为待测电阻。根据欧姆定律可知回路中的电流强度 I 为:

$$I = \frac{\varepsilon}{R_g + R_S + R + r + R_x} \qquad\qquad 式(6\text{-}1)$$

对于确定的档位,R_g、R_S 和 r,以及 ε 为定值,则 I 的大小取决于待测电阻 R_x,两者之间有一一对应关系。但两者并不成正比例关系,因此欧姆档的刻度是非均匀的。当 $R_x = 0$ 即表笔短接电阻最小时,I 最大;当 $R_x = \infty$ 即表笔断开电阻最大时,$I = 0$(表头指针指向 0),因此欧姆档的刻度与电流、电压的刻度是反向的,0 刻度在标尺的最右端(表头指针满偏),而最大值在

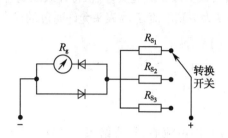

图 6-4   多量程交流电压测量
电路原理图

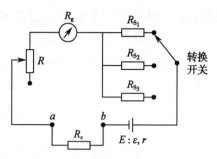

图 6-5   欧姆表测量电路原理图

最左端。习惯上将 (R_g+R_S+R+r) 称为中值电阻 R_m,式(6-1)改写为:

$$I = \frac{\varepsilon}{R_m + R_x}$$

可见:当 $R_x=0$ 时,$I_g = \dfrac{\varepsilon}{R_m}$

当 $R_x=R_m$ 时,$I = \dfrac{1}{2}I_g$

因此欧姆表刻度正中的值就是 R_m。

当 $R_x \ll R_m$ 时,$I = \dfrac{\varepsilon}{R_m + R_x} \approx \dfrac{\varepsilon}{R_m}$

I 随 R_x 变化不明显,因此测量误差较大;而当 $R_x \gg R_m$ 时,$I \approx 0$,测量误差也较大。所以,虽然欧姆表每个档的测量范围都是 $0 \sim \infty$,理论上每个档都可以测出电阻值,但不同档的测量误差不同,应尽量选用能使指针读数处于中间段的档。测量电阻值为仪表指示读数乘以档的倍率。

由于干电池在使用过程中 ε、r 会发生变化,为确保由式(6-1)确定的刻度正确,欧姆表装有“调零”旋钮,即如图 6-5 所示的可变电阻 R。调节方法是将表笔短路,调节“调零”旋钮,使指针满偏即指向 0Ω。

(二)万用表操作规程

万用表种类很多,板面布置不尽相同,指针式万用表都有刻度盘、机械调零螺钉、转换开关、表笔插孔和欧姆表“调零”旋钮。

指针式万用表的刻度盘最上方有一条弧线的刻度是欧姆表刻度;接下来三排成比例等分刻度线是直流、交流电压和直流电流档的共用刻度尺。刻度盘上还装有反光镜以消除视差。其他红色和绿色刻度尺用于测量电容和晶体管等器件。

用于测量电压小于 1 000V 或电流强度小于 500mA、以及测量电阻时,红黑表笔分别插入正、负极插孔。当测量高电压、大电流时,红表笔应插入 2 500V 或 5A 插孔,转换开关置于对应的交流 1 000V 或直流 1 000V 或 500mA 档。转换开关在电阻档时,万用表接有内部电池,内部电池的正极接负极插孔(黑表笔),而电池的负极接正极插孔(红表笔)。

【实验器材】

万用电表,线路板,交直流电源。

【实验步骤】

(一) 被测线路板 1

1. 电阻的测量 首先将万用电表量程选择开关拨至 "Ω" 档的某量程上,不管用哪个量程,使用时首先应调零,即将正负表笔短路,调节调零旋钮,使指针指到 0Ω 刻度线上。

取如图 6-6 所示的电路板,将被测电阻 R_1、R_2、R_3、R_4 从所联入的电路中断开,将万用电表两表笔接在被测电阻 R_1 的两端,观察指针偏转。为了读数准确,在测量时,先选量程大一些的档位进行预测,然后逐渐缩小量程,使指针指在约满刻度的 2/3 处为宜。这里需要强调的是:每次更换量程,必须重新调零。

从刻度线上读出指针所指的刻度,再根据所选量程算出电阻的阻值。

被测电阻阻值 = 指针指示数值 × 量程倍率,如果量程选择为 $R \times 10$,则将读数乘以 10 即为所测电阻的阻值。

用上述同样的方法,测出 R_2、R_3、R_4 电阻的阻值,填入表 6-1。

2. 交流电压的测量 取如图 6-6 所示的电路板,将 AD 两端接上 24V 交流电压。将万用电表的选择开关拨到交流电压档位 "V" 上,然后选择适当的量程。

将万用电表并联在被测电路上,不必考虑表笔的正负极,根据选择的量程,正确读数。请分别测出 AB、BC、CD、AD 间的交流电压,将测量结果填入表 6-1。

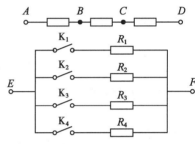

图 6-6 被测线路板 1

3. 直流电压的测量 取如图 6-6 所示的电路板,将 AD 两端接上 24V 直流电压。将万用电表的选择开关拨到直流电压档位 "V" 上,然后选择适当的量程。

将万用电表并联在被测电路上,注意红表笔接高电位端,黑表笔接低电位端,根据选择的量程,正确读数。请分别测出 AB、BC、CD、AD 间的直流电压,将测量结果填入表 6-1。

4. 直流电流的测量 取如图 6-6 所示的电路板,将 EF 两端接上 2V 直流电压,同时把 K_1、K_2、K_3、K_4 这四个开关接通,则电路中有直流电流通过。

将万用电表的选择开关拨到直流电流档位 "mA" 的最大档,断开开关 K_1,将万用电表的红表笔接开关高电位一端,黑表笔接低电位一端,这样万用电表就与电阻 R_1 串联在一起了。

观察指针的偏转情况,选择合适的量程。根据选择的量程和指针的位置,正确读数。将测量结果填入表 6-1。

断开万用电表的两表笔,接通开关 K_1。用同样的方法,测出流过电阻 R_2、R_3、R_4 的电流及总电流,将测量结果填入表 6-1。

表 6-1 测量数据

被测物理量		使用量程	表头读数	测量结果
电阻值 /Ω	R_1			
	R_2			
	R_3			
	R_4			

被测物理量		使用量程	表头读数	测量结果
交流电压 /V	AB 间交流电压			
	BC 间交流电压			
	CD 间交流电压			
	AD 间交流电压			
直流电压 /V	AB 间直流电压			
	BC 间直流电压			
	CD 间直流电压			
	AD 间直流电压			
直流电流 /mA	I_1			
	I_2			
	I_3			
	I_4			
	总电流 I			

（二）被测线路板 2

1. 用万用电表检查线路故障　万用电表常用来检查电路,排除电路故障。在实验中,往往电路连线没有错误也会有不能正常工作的情况,这说明电路出现了故障。故障一般有以下几种情况：①导线内部断线；②接线柱或开关接触不良；③元件或电表内部损坏等。

不同原因、不同部位的故障,其故障的现象有所不同。可根据实验电路、故障现象初步判断原因与部位,再用万用电表检查确定。万用电表检查电路通常用电压法,一般从电源两端开始,再按连接点依次推进测量电路中各部分的电压分布,查找电压反常点。

如图 6-7 所示电路中,如果检测到 $U_{BF} \neq 0$,但 $U_{BE}=0$,很显然是开关没接上或接触不良。又如检测到 $U_{AB} \neq 0$,$U_{AC} \neq 0$,但 $U_{CB}=0$,并且 CB 段线路电阻不可能等于 0 或很小,可以推断故障是 AC 之间断路了。电压法不必拆开电路,检测方便。但不适用于检查电阻很小、电压太低的部位。

有时也可采用测量某段电路的电阻大小是否正常来判断该线路是否出现故障。测电阻法必须断开电源,使电路不带电,而且所检测的线路无其他分路连通,如果采用测电阻法检查图 6-7 中 AC 段线路是否导通,应该首先断开电源和 CBDA 分路。

2. 交流电压的测量　测量插座上的交流电压,测量两次。

3. 连接电路　按图 6-7 完整连接电路,其中各电阻标称值如下 R_1=1.5kΩ ,R_2=100Ω ,R_3=27kΩ ,R_4=1kΩ ,R_5=56Ω ,R_6=10kΩ ,D 为二极管,W 为电位器。电源电动势 ε=9.0V。闭合开关 K,若发光二极管亮,说明有电流通过。

4. 调节电桥平衡　图 6-7 是个电桥电路,四段电路 AC、CB、AD、DB 称为电桥的四臂。当四臂的电阻满足 R_{AC}：$R_{AD}=R_{CB}$：R_{DB} 时,C、D 两点等电位,该状态称为电桥平衡。调整 CB 臂上的可变电阻 W,使 U_{CD}=0。注意,万用电表观察 U_{CD} 时,先用 10V 量程档,调整至 $U_{CD} \approx 0$ 时换用小量程档,细调至

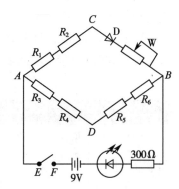

图 6-7　被测线路板 2

电桥平衡。若调节 W,U_{CD} 不改变或始终无法调零,则电路中出现故障,用电压法查找故障点并排除。通常故障是某些连接点虚接。

5. 测直流电压、电流和电阻　用万用电表的直流电压档位分别测出惠斯通电桥平衡时各单臂的电压 U_{AC}、U_{AD}、U_{CB}、U_{DB} 和 U_{AB},重复测量两次,填入表 6-2,并验证各单臂电压的比例关系是否符合理论。

保持电桥平衡状态,测量惠斯通电桥平衡时总电路的电流强度 I。这里需要强调的是:测量该电流强度时,须先断开开关 K,然后把万用电表的选择开关拨到直流电流档位 "mA" 的最大档位串联进电路中。再根据所测电流减小量程,直到选中合适的量程,再进行读数。重复测量两次,并将读数结果填入表 6-2。

测量惠斯通电桥四个单臂上各元件(包括平衡时的电位器 W)的阻值,准确读数,并记下使用哪个档位测量。重复测量三次,并将读数结果填入表 6-3。其中由于二极管 D 是非线性元件,即加不同电压时阻值不同,因此用万用电表不同倍率档位测量将得到不同的电阻值。应该统一选用 ×1kΩ 的欧姆倍率测量二极管的正向和反向阻值。

墙上插座的交流电压:第一次测量 U_1=_____V

第二次测量 U_2=_____V

表 6-2　电桥平衡时四臂的电压分布和总电路电流强度

次数	U_{AC}/V	U_{CB}/V	U_{AD}/V	U_{DB}/V	U_{AB}/V	I/mA
1						
2						
平均						

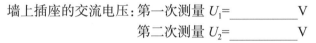

表 6-3　电阻的测量　　　　电阻单位:Ω

倍率							正向	反向	
							×1kΩ	×1kΩ	
次数	R_1	R_2	R_3	R_4	R_5	R_6	二极管阻值 R_D		电位器 R_W
1									
2									
3									
平均									

【注意事项】

1. 使用万用电表时,首先要看电表平放时指针是否停在表面刻度线左端 "0" 位置,否则要用小螺丝刀旋转 "机械调零旋钮",使指针指在 "0" 位处。

2. 测电阻时,被测电路不能通电;测电流时,不能用万用电表的表笔直接接在电源两端测量,以防短路烧坏电表。

3. 当被测电路中的电压和电流的数值无法估计时,则先将万用电表的量程选择开关拨至最大量程范围,测量时用瞬时点接法试一下,根据指针偏转大小选择适当的量程。

4. 使用量程选择开关选择测量项目和转换量程时,两表笔一定要离开被测电路。每次测量前务必认真检查量程选择开关是否调节在正确位置。牢记"一档二程三正负",正确接入再读数；调换量程断开笔,切断电源测电阻。

5. 电学实验后拆除电路,首先须关闭电源。

6. 测量结束后,应将万用电表选择旋钮拨到最大交流电压量程处,以确保万用电表安全。

【思考题】

1. 使用万用电表测量二极管的电阻值时,为什么选择不同的欧姆档位测出的同一根二极管电阻值都不同？

2. 惠斯通电桥线路中,测量线路中的电阻需要切断电源,为什么有的同学测量的电阻阻值通常都比指示值小？

3. 如图 6-7 所示,被测线路板 2 中的 AE 和 AF 的电压值是多少？

（郑海波）

实验七	示波器的原理和使用

【实验目的】

1. 学会使用示波器观察电信号波形,测量电信号的电压幅值和频率。
2. 学会使用示波器观察李萨如图形。
3. 了解示波器的结构和工作原理。

【实验原理】

示波器是一种用途广泛的电子测量仪器,可以用来观察电信号的波形,测量电信号的电压幅值、周期和频率。其内部结构一般由示波管、锯齿波发生器、X 轴衰减和放大器、Y 轴衰减和放大器、同步电路、电源等部分组成,如图 7-1 所示。

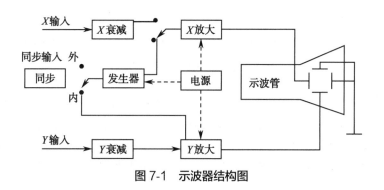

图 7-1 示波器结构图

示波管是一个高度真空的玻璃管,如图 7-2 所示,内有电子枪、偏转系统和荧光屏。当阴极 K 被灯丝 F 加热后,发射出大量的电子,这些电子穿过控制栅极 G,再经阳极 A_1、A_2、A_3 加速和聚焦后,形成一束很细的高速电子流,通过两对偏转板 YY' 和 XX' 后打在荧光屏上,使荧光物质受激发光,形成一个亮点。亮点的亮度决定于单位时间内到达该点的电子数,亮点的大小决定于电子束的粗细。亮点移动的轨迹决定于两对偏转板上所加的电压随时间变化的情况。

当垂直偏转板 YY' 加上待测信号电压(如正弦波电压)时,电子束因受到电场作用而在垂直方向偏转,当信号变化很快时,所观察到的是一条垂直亮线,如图 7-3(a)所示。同理,当水平偏转板 XX' 加上扫描电压(一般为锯齿波电压)时,所观察到的是一条水平亮线,如图 7-3(b)所示。

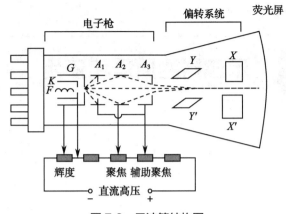

图 7-2　示波管结构图

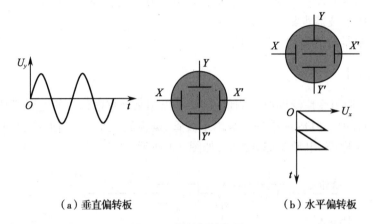

（a）垂直偏转板　　　　（b）水平偏转板

图 7-3　偏转板的作用

为了在荧光屏上观察到待测信号随时间变化的过程,通常在 YY' 上加待测信号电压(如正弦波电压),同时在 XX' 上加扫描电压(一般为锯齿波电压)用来模拟时间轴。这样电子束受到竖直、水平两个方向的电场力的作用,电子的运动是两个相互垂直运动的合成。当待测信号电压的周期等于扫描电压周期时,在荧光屏上显示一个完整周期的信号电压波形,如图 7-4 所示。

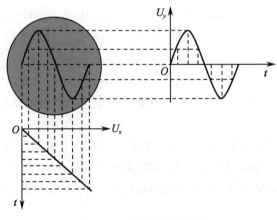

图 7-4　波形显示原理图

如果扫描电压周期与待测信号电压的周期稍微不同,荧光屏上出现的是移动着的不稳定图形。为了显示稳定图形,要求扫描电压周期与待测信号电压的周期完全相同,或者扫描电压的周期是待测信号电压周期的整数倍。即 $T_X = nT_Y$,其中 T_X 为扫描电压的周期,T_Y 为待测信号电压的周期,n 为整数。若 $n = 3$,则在荧光屏上显示出三个完整周期的波形图。

事实上,仅靠调节示波器面板上扫描电压频率旋钮往往难以获得稳定波形,原因在于扫描电压的频率常常不稳定,$T_X = nT_Y$ 的关系很容易被打破,这就得用"同步"来解决,即从外面引入一个频率稳定的信号加到锯齿波发生器上,使其受到控制而产生频率稳定的锯齿波,这称为"外同步"。也可把待测信号加到锯齿波发生器上,让待测信号自动调节所产生的锯齿波频率,这称为"内同步"。还有"电源同步",信号从电源变压器获得。通过"同步"可保持 $T_X = nT_Y$,从而使波形稳定。一般在观察信号时,都采用"内同步"(或称为"内触发")。

李萨如图形是一个质点同时在 X 轴和 Y 轴上做简谐运动形成的。如果这两个分振动的振动方向相互垂直且振动频率成简单的整数比,就能合成一个稳定、封闭的曲线图形,称为李萨如图形。频率比不同,李萨如图形的形状也不同,如图 7-5 所示。

根据李萨如图形可以得到如下规律:

$$\frac{f_x}{f_y} = \frac{N_y}{N_x}$$

f_x、f_y 分别是加在 X、Y 偏转板的正弦信号频率,N_x、N_y 分别是图形与水平、竖直线的切点数(或交点数)。

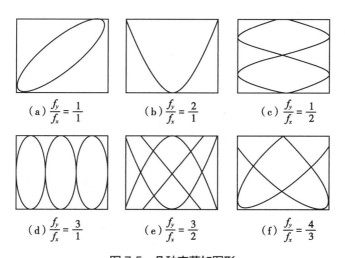

(a) $\dfrac{f_y}{f_x} = \dfrac{1}{1}$ (b) $\dfrac{f_y}{f_x} = \dfrac{2}{1}$ (c) $\dfrac{f_y}{f_x} = \dfrac{1}{2}$

(d) $\dfrac{f_y}{f_x} = \dfrac{3}{1}$ (e) $\dfrac{f_y}{f_x} = \dfrac{3}{2}$ (f) $\dfrac{f_y}{f_x} = \dfrac{4}{3}$

图 7-5 几种李萨如图形

【实验器材】

双踪示波器、函数信号发生器。

【实验步骤】

1. 用示波器观察信号波形 将示波器面板上各旋钮按照表 7-1 要求调节到指定位置。

表 7-1   示波器面板调节参数

控制面板	作用位置	控制面板	作用位置
辉度	适中	水平位移	适中
聚焦	适中	垂直位移	适中
电平	适中	扫描方式	自动
垂直输入方式	CH1	垂直输入耦合	AC
电压偏转系数（VOLTS/DIV）	0.5V/DIV	扫描时间系数（TIME/DIV）	0.5ms/DIV
电压偏转系数微调	顺时针转至校准位置	扫描时间系数微调	顺时针转至校准位置
触发源	CH1	触发方式	自动

接上电源（~220V），按下示波器电源开关，指示灯亮，预热少许时间，屏幕上出现扫描线（若不出现，调节位移旋钮，直至出现），适当调节示波器的亮度，聚焦旋钮，调节示波器扫描旋钮，使荧光屏上出现细而清晰稳定的水平亮线，至此，示波器即可使用。

将信号发生器的电压幅度旋钮调至中间位置，波形选择正弦波，打开电源开关，频率调至 500Hz，将信号发生器输出端接至示波器的 CH1（CH1 又称 X）输入端，适当调节示波器通道 CH1 电压偏转系数开关，选择合适的电压偏转系数 C（VOLTS/DIV），使波形高度尽量占荧光屏的大部分，调节示波器扫描旋钮和电平旋钮，使荧光屏上出现一个周期或两个周期的稳定波形。

用同样的方法，分别观察方波、三角波的波形。

2. 用示波器测量正弦信号的电压幅值和频率

(1)测量正弦信号的电压幅值：观察上述已调节好的正弦信号波形，读出波形高度 N（DIV）（波峰到波谷，每一个小格相当于 0.2 个大格）和电压偏转系数 C（VOLTS/DIV）的指示值，则此正弦信号电压的峰 - 峰值 U_{p-p} 为

$$U_{p-p} = NC \qquad\qquad 式(7-1)$$

根据电压峰 - 峰值与有效值的关系，则此正弦波电压的有效值为

$$U = U_{p-p} / 2\sqrt{2} \qquad\qquad 式(7-2)$$

保持信号源的频率和电压幅度调节旋钮的位置不变，将信号源的电压幅度衰减"dB"档位分别置于 20dB、40dB，调节示波器的电压偏转系数开关 VOLTS/DIV，直至示波器出现稳定的适合测量的波形，分别测量衰减 20dB、40dB 以后的信号电压幅值。将测量结果填入表 7-2。

表 7-2   正弦信号电压

信号发生器电压"衰减"/dB	0	20	40
电压偏转系数 /（V/DIV）			
波形高度 /DIV			
电压峰 - 峰值 /V			
电压有效值 /V			

(2)测量正弦信号电压频率：观察上述已调节好的正弦波波形，读出荧光屏上正弦波一

个周期在水平方向所占格数 N'（DIV），和扫描时间系数 C'（TIME/DIV）的指示值，则此正弦波的周期为

$$T = N'C' \qquad\qquad 式(7\text{-}3)$$

频率为 $$f = 1/T \qquad\qquad 式(7\text{-}4)$$

保持信号源的输出电压幅度旋钮位置不变，改变信号源的频率为 5kHz 和 50kHz。分别用示波器测量信号的频率。将测量结果填入表 7-3。

表7-3 正弦信号频率

信号发生器频率读数值 /Hz	500	5k	50k
扫描时间系数 /(s/DIV)			
一个完整波形宽度 /DIV			
周期 /s			
频率 /Hz			
频率的相对误差值			

3. 用示波器测量直流信号电压　将示波器 CH1 通道按键弹起，按下 CH2 通道按键，CH2 的输入耦合按键置于 DC，将电压偏转系数开关 VOLTS/DIV 旋转至 0.5V/DIV，将直流电压（1.5V）输入示波器 CH2 通道，记录扫描线竖直方向的位置变化量，该值乘以电压偏转系数开关 VOLTS/DIV 的数值 0.5V/DIV 即为所输入的直流电压值。

改变电压偏转系数开关 VOLTS/DIV 至 1V/DIV、2V/DIV，重新测量直流电压值。观察不同档位所得结果是否相同，思考如何选择恰当的档位。将测量结果填入表 7-4。

表7-4 直流电压

电压偏转系数 /(V/DIV)	0.5	1	2
亮线移动高度 /DIV			
电压幅值 /V			

4. 用示波器观察李萨如图形　调节信号发生器输出频率为 1 000Hz 的正弦交流信号，即 $f_x = 1\,000$Hz 输入示波器的 CH1 通道。待测信号输入示波器的 CH2 通道。选择示波器 $X\text{-}Y$ 控制键，两个通道的 AC-DC 按键都置于 AC。此时会出现绕动的曲线，即李萨如图形。改变待测信号的频率，使屏幕上出现表 7-5 所示的各个图形，记下待测信号的频率 f_y，填入表 7-5 中。

表7-5 李萨如图形的观测

图形					
f_y					
f_y/f_x					

【注意事项】

1. 荧光屏显示亮度要适中,光点不要长时间停留在一个位置上。

2. 测量电压、频率时,电压偏转系数 VOLTS/DIV、扫描时间系数 TIME/DIV 相应的微调旋钮应处于校准位置。

3. 为了提高测量精度,测量时应调节示波器的电压偏转系数 VOLTS/DIV 和示波器的扫描时间系数 TIME/DIV 旋钮,使波形上下、左右达到适合观察、测量的状态,不能超出屏幕显示范围,至少要显示一个完整的波形,显示 2~3 个完整波形最为合适。

【思考题】

1. 示波器的主要组成部分是什么?

2. 示波器的主要用途有哪些? 可以测量哪类信号?

3. 为什么示波器的扫描信号必须是锯齿波?

4. 电压峰 - 峰值为 22V 的正弦波,其有效值是多少?

(张 宇)

【实验目的】

1. 掌握用模拟法描绘静电场的原理和方法。
2. 通过对静电场分布的描绘,加深对电场线和等势线(或面)之间关系的理解。

【实验原理】

为克服直接测量静电场的困难,模拟一个与待测静电场分布完全相同的稳恒电流场,用容易直接测量的稳恒电流场去模拟静电场,此实验方法称为模拟法。尽管静电场与稳恒电流场性质不同,但所遵循的物理规律却有相同的数学形式,因而可用在导电介质中分布的电流场来模拟电介质中的静电场。当静电场中的导体与稳恒电流场中的电极形状相同,并且边界条件相同时,静电场在介质中的电势分布与稳恒电流场在介质中的电势分布完全相同。同时,由于稳恒电流场中各点的电势均可用普通的电压表测量,所以用稳恒电流场模拟静电场,是研究静电场的一种最简单的方法,也是本实验的模拟依据。

稳恒电流场和被模拟的静电场的边界条件应该相同或相似,这就要求在模拟实验中用形状和所放位置均相同的良导体来模拟产生静电场的带电导体,如图 8-1 所示。

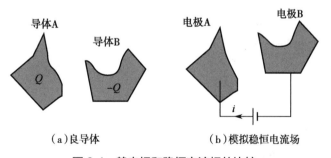

（a）良导体   （b）模拟稳恒电流场

图 8-1 静电场和稳恒电流场的比较

因静电场中带电导体上的电量恒定,相应的模拟电流场两电极间的电压也应该是恒定的。用电流场中的导电介质(不良导体)来模拟静电场中的电介质,如果模拟的是真空中的静电场,则电流场中导电介质必须是均匀介质,即电导率必须处处相等。由于静电场中带电导体表面是等势面,导体表面附近的场强(或电场线)与表面垂直,这就要求电流场中的电极(良导体)表面也是等电势的,这只有在电极(良导体)的电导率远大于导电介质(不良导体)的电导率时才能实现,所以导电介质的电导率不宜过大。

1. 无限长带电同轴圆柱体导体中间的静电场分布   如图 8-2(a)所示,真空中有一无限长圆柱体 A 和无限长圆柱体壳 B 同轴放置(均为导体),分别带有等量异号电荷。由静电学可知,在 A、B 间产生的静电场中,等势面是一系列同轴圆柱面,电场线则是一些沿径向分布的直线。图 8-2(b)是在垂直于轴线的任一截面 S 内的圆形等势线与径向电场线的分布示意图。由理论计算可知,在距离轴线为 r 的一点处的电势为

$$U_r = U_1 \frac{\ln \dfrac{R_\mathrm{B}}{r}}{\ln \dfrac{R_\mathrm{B}}{R_\mathrm{A}}} \qquad\qquad 式(8-1)$$

式(8-1)中,U_1 为导体 A 的电势;导体 B 的电势为零(接地)。距中心 r 处的场强为

$$E_r = -\frac{\mathrm{d}U_r}{\mathrm{d}r} = \frac{U_1}{\ln \dfrac{R_\mathrm{B}}{R_\mathrm{A}}} \cdot \frac{1}{r} \qquad\qquad 式(8-2)$$

式(8-2)中,负号表示场强方向指向电势降落方向。

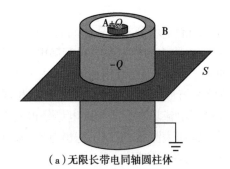
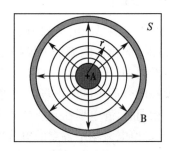

(a)无限长带电同轴圆柱体   (b)垂直于轴线截面内圆形等位线与
                                    径向电场线的分布示意图

图 8-2   无限长带电同轴圆柱导体中间的电场分布

2. 模拟电流场分布   在无限长同轴圆柱体间充以导电率很小的导电介质,且在内、外圆柱间加电压 U_1,让外圆柱体接地,使其电势为零,此时通过导电介质的电流为稳恒电流。导电介质中的电流场即可作为上述静电场的模拟场,如图 8-3 所示。

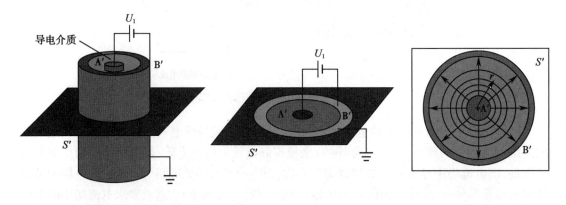

(a)导电介质置于同轴圆柱体间   (b)外加电压   (c)电场线和等势线分布

图 8-3   无限长带电同轴圆柱导体中间的电场分布

由于无限长带电同轴圆柱体的电场线在垂直于圆柱体的平面内,模拟电流场的电场线也在同一平面内,且其分布与轴线的位置无关。因此,可以把三维空间的电场问题简化为二维平面问题,只研究一个导电介质在一个平面上的电场线分布即可。

理论计算可以证明,电流场中 S' 面的电位分布 U'_r 与原真空中的静电场的电场线平面 S 的电位分布 U_r 是完全相同的,导电介质中的电场强度 E'_r 与原真空中的静电场的电场强度 E_r 也是完全相同的,即

$$U'_r = U_1 \frac{\ln \dfrac{R_B}{r}}{\ln \dfrac{R_B}{R_A}} = U_r \qquad \text{式(8-3)}$$

则 E'_r

$$E'_r = -\frac{\mathrm{d}U_r}{\mathrm{d}r} = \frac{U_1}{\ln \dfrac{R_B}{R_A}} \cdot \frac{1}{r} = E_r \qquad \text{式(8-4)}$$

由式(8-3)和式(8-4)可见,U_r 与 U'_r,E_r 与 E'_r 的分布函数完全相同。

【实验器材】

静电场描绘实验仪、导线。

仪器介绍:静电场描绘实验装置如图 8-4 所示。静电场模拟装置 1 如图 8-5 所示,用于模拟无限长带电同轴圆柱体导体中的电场分布。刻有坐标的导电玻璃基底上,中间是一半径为 1cm 的圆状电极,周围是内径为 8cm 的同心圆环状电极。静电场模拟装置 2 如图 8-6 所示,用于模拟两平行导线间的电场分布。

图 8-4　静电场描绘实验仪

图 8-5　同轴圆柱静电场模拟装置

图 8-6　平行导线静电场模拟装置

【实验步骤】

1. 描绘同轴圆柱体间的等势线并画出电场线　按图 8-7 所示接线,实验步骤如下。

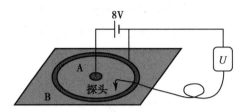

图 8-7　描绘同轴圆柱体间电场分布电路图

(1)校准电源电压(8.00V)。

(2)测出表 8-1 所要求的电势,每个电势至少均匀测量 8 个点。

(3)按作图要求画出电场分布图。

(4)测量每条等势线的半径,填写数据表格并计算。

表 8-1　同轴圆柱体电场分布　　　　　　　　(U_1=8.00V)

$U_{r实}$/V	5.00	4.00	3.00	2.00	1.00
r/cm					
$\ln(R_B/r)$					
$U_{r理}$/V					
$E_r = (U_{r理} - U_{r实})/U_{r理}$					

注:$\overline{R_A}$ = 1.00cm,$\overline{R_B}$ = 8.00cm,$U_{r理} = \dfrac{U_1}{\ln\dfrac{R_B}{R_A}} \cdot \ln\dfrac{R_B}{r}$。

2. 描绘两平行导线间的电场分布　按图 8-8 所示接线,实验步骤如下。

(1)校准电源电压(8.00V)。

(2)测量出导电板表面分别为 0cm、40cm、80cm、-40cm、-80cm 处的电势值并标在坐标纸上,每条等势线不少于 8 个均匀测量点。

(3)按作图要求画出电场分布。

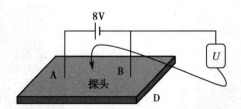

图 8-8　描绘两平行导线的电场分布电路图

【思考题】

1. 为什么可以用稳恒电流场模拟静电场？模拟的条件是什么？

2. 能否根据所描绘的等势线计算其中某点的电场强度,为什么？

3. 若将实验中使用的电源电压加倍或减半,测得的等势线和电场线形状是否变化？

（高　杨）

【实验目的】

1. 理解直流惠斯通电桥的平衡条件。
2. 掌握用惠斯通电桥测量电阻的原理。
3. 学会使用惠斯通电桥测量电阻的方法。

【实验原理】

电桥是一种用比较法精确测量电阻的仪器,被广泛应用于自动控制、电气技术、非电量转化为电学量测量中。电桥的种类众多,按供电电源种类可分为直流电桥和交流电桥两大类。直流电桥常用于测量电阻,交流电桥用于测量电容、电感。

最简单、最常用的直流电桥如图 9-1 所示,称为惠斯通电桥(Wheatstone bridge)。把四个电阻 R_1、R_2、R_3 和 R_4 连成四边形 $ABCD$,每一边称为电桥的一个臂。在四边形的一对对角 A 和 C 之间接上直流电源 E,在另一对对角 B 和 D 之间连接检流计 G。所谓“桥”指的就是对角线 BD,它的作用是把 B 和 D 两个端点连接起来,直接对这两点电势进行比较。当 B、D 两点的电势相等时,叫作电桥平衡。当电桥平衡时,加在检流计两端的电压 $U_{BD} = 0$,没有电流流过检流计。

当电桥平衡时,B、D 两点的电势相等,所以 A、B 两点的电压等于 A、D 两点的电压,B、C 两点的电压等于 D、C 两点的电压,即

$$U_{AB} = U_{AD} \, , \, U_{BC} = U_{DC} \qquad\qquad 式(9\text{-}1)$$

根据欧姆定律,$U_{AB} = I_1 R_1$,$U_{AD} = I_3 R_3$,$U_{BC} = I_2 R_2$,$U_{DC} = I_4 R_4$,分别代入式(9-1),可得

$$I_1 R_1 = I_3 R_3 \, , \, I_2 R_2 = I_4 R_4 \qquad\qquad 式(9\text{-}2)$$

以上两式相除,并注意到此时通过检流计的电流 $I_G = 0$,所以通过 AB 和 BC 两臂的电流相等 $I_1 = I_2$,通过 AD 和 DC 两臂的电流相等 $I_3 = I_4$,得到

$$\frac{R_1}{R_2} = \frac{R_3}{R_4} \qquad\qquad 式(9\text{-}3)$$

式(9-3)即电桥平衡条件。若已知电阻 R_2、R_3 和 R_4,即可计算出电阻 R_1。

滑线式惠斯通电桥的原理如图 9-2 所示,它由一根均匀的电阻丝 AC 代替图 9-1 中电阻 R_3 和 R_4,D 点是一个滑动接触点,将电阻丝 AC 分成左右两部分:AD 和 DC,分别相当于图 9-1 中的 R_3、R_4。当 D 点移动时,通过改变 AD 和 DC 的长度 L_1 和 L_2 而改变 R_3 和 R_4 的数值,以求得电桥的平衡。若电阻丝 AC 截面和材料均匀,有

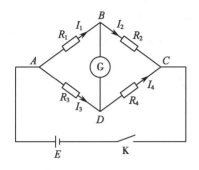

图 9-1　惠斯通电桥原理图

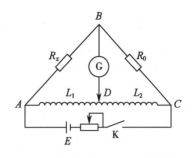

图 9-2　滑线式惠斯通电桥原理图

$$\frac{R_3}{R_4} = \frac{L_1}{L_2} \qquad\qquad 式(9\text{-}4)$$

此时,电桥平衡条件可写成

$$R_x = R_0 \cdot \frac{L_1}{L_2} \qquad\qquad 式(9\text{-}5)$$

滑线式惠斯通电桥如图 9-3 所示,实验电路如图 9-4 所示,R_x 是待测电阻,R_0 是电阻箱,R_n 是滑动变阻器,限制通过检流计的电流,保护检流计。

图 9-3　滑线式惠斯通电桥实物图

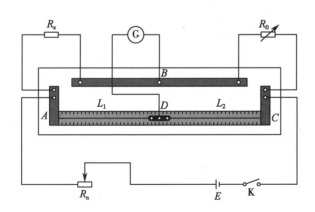

图 9-4　滑线式惠斯通电桥测电阻线路图

【实验器材】

直流电源、滑线电桥、检流计、电阻箱、待测电阻、滑动变阻器各一台;电键一个;导线若干。

【实验步骤】

1. 按照图 9-4 接好线路。

2. 将滑动变阻器 R_n 调至最大值,滑动触点 D 置于电阻丝 AC 的中点附近,再根据 R_x 的大致数值选择适当的 R_0 数值(最好与 R_x 相近)。将直流电源的输出电压调至 3~5V,接通电键 K,按下滑动触点 D ,观察检流计的偏转情况。

3. 如果检流计的偏转角过大,适当改变电阻箱 R_0 的数值,使偏转角最小。然后移动触点 D ,直至检流计无偏转为止。

4. 把滑动变阻器 R_n 调至最小值零,再调滑动触点 D ,直至检流计指针无偏转为止,这时电桥已达到平衡。记下 L_1、L_2 和 R_0 的数值,并计算 R_x。

5. 将 R_x 和 R_0 位置对调,重复上述步骤 2、3、4,记下 L_1、L_2(注意这时的 L_1 和 L_2 与上次位置相反,为什么?)和 R_0 的数值,并计算 R_x,最后求出两次测量的平均值 $\overline{R}_x$。

6. 更换未知电阻,重复上述步骤。

7. 将两个未知电阻串、并联,分别测它们的电阻 $R_{串}$ 和 $R_{并}$。

8. 数据处理,将测量数据填入自拟表中。

【注意事项】

1. 每次测量时都需将滑动变阻器 R_n 由最大调到最小,这样一是防止通过检流计的电流过大,二是可以提高测量数据的精度。

2. 每次轻轻按下滑动触点 D 时,必须在短暂时间内断开,以免在电桥不平衡时检流计上电流过大,损坏检流计。

【思考题】

1. 电桥平衡的条件是什么?
2. 为什么使 R_0 的数值和 R_x 相近?
3. 每测一个电阻 R_x,为什么要对调 R_x 和 R_0 位置重做一次?

(杨海波)

实验十　用电位差计测量电动势

【实验目的】

1. 了解电位差计的原理和构造。
2. 理解补偿法的基本原理。
3. 学会用电位差计测定电源的电动势。
4. 掌握对实验电路参数的估算、校准及故障排除的方法。

【实验原理】

电位差计是精密测量中应用最广的仪器之一,不但用来精密测量电动势、电压、电流和电阻等,还可用来校准精密电表和直流电桥等直读式仪表。电位差计的准确度可达到 0.01%,在非电量(如温度、压力、位移和速度等)的电测法中也常作为重要的组成部分。

如图 10-1 所示,若将电压表并联到电池两端,就会有电流 I 通过电池的内部。由于电池内阻 r,在电池内部不可避免地存在内电压 Ir,因而电压表的测量值只是电池端电压 $U=E_x-Ir$ 的大小。显然,只有当 $I=0$ 时,电池两端的电压 U 才等于电动势 E_x。

用电位差计测量未知电动势或电路某两点间的电势差,就是将未知电压与电位差计上的已知电压相比较。为了使电池内部没有电流通过而又能测定电池的电动势,可采取下面的补偿法。由于被测电路无电流,测量的结果只依赖于准确度极高的标准电池、标准电阻以及高灵敏度的检流计。

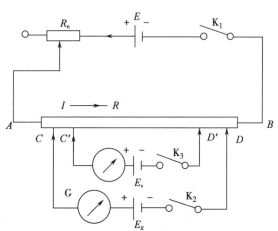

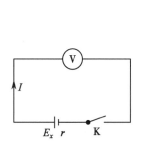

图 10-1　用电压表测
量电池的端电压

图 10-2　电位差计原理图

如图 10-2 所示,接通 K_1 后,有电流 I 通过电阻丝 AB,并在电阻丝上产生电压 IR。如果再接通 K_2,可能出现三种情况:

1. 当 $E_x > U_{CD}$ 时,电流表 G 中有从右向左流动的电流(指针偏向一侧)。

2. 当 $E_x < U_{CD}$ 时,电流表 G 中有自左向右流动的电流(指针偏向另一侧)。

3. 当 $E_x = U_{CD}$ 时,电流表 G 中无电流,指针不偏转。这种情形称为电位差计处于补偿状态,或者说待测电路得到了补偿。

在补偿状态时,$E_x = IR_{CD}$。设每单位长度电阻丝的电阻为 r_0,CD 段电阻丝的长度为 L_x,于是

$$E_x = Ir_0L_x \qquad \text{式(10-1)}$$

将滑动变阻器 R_n 的滑动端固定,即保持工作电流 I 不变,再用一个电动势为 E_s 的标准电池替换图 10-2 中的待测电池 E_x,适当地将 C、D 的位置调至 C'、D',同样可使检流计 G 的指针不偏转,达到补偿状态。设这时 $C'D'$ 段电阻丝的长度为 L_s,则:

$$E_s = Ir_0L_s \qquad \text{式(10-2)}$$

将式(10-1)和式(10-2)相比得到:

$$E_x = E_s \frac{L_x}{L_s} \qquad \text{式(10-3)}$$

可见,待测电池的电动势 E_x 可用标准电池的电动势 E_s 和在同一工作电流下电位差计处于补偿状态时,测得的 L_x 和 L_s 值来确定。

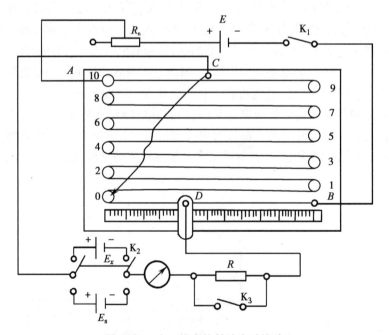

图 10-3 十一线电位差计实验线路

图 10-4 十一线电位差计实物图

线式电位差计如图 10-3 和图 10-4 所示,具有结构简单、直观、便于分析、测量结果较准确。图中的电阻丝 AB 长 11m。绕在木板的十一个接线插孔 0、1、2、…、10 上,横向每两个插孔间电阻丝长 1m,插头 C 可选插在插孔 0、1、2、…、10 中任一个位置。电阻丝 B 旁边附有带毫米刻度的直尺,接头 D 在它的上面滑动。插头 CD 间的电阻丝长度可在 0~11m 间连续变化。R_n 为滑动变阻器,用来调节工作电流。双刀双掷开关 K_2 用来选择接通标准电池 E_s 或待测电阻 E_x。电阻 R 是用来保护标准电池和检流计的。在电位差计处于补偿状态进行读数时,必须关闭 K_3,使电阻 R 短路,以提高测量的灵敏度。

标准电池是一种用来作为电动势标准的原电池,如图 10-5 所示。由于标准电池内部特殊的化学结构,它的电动势很稳定。按外形可将标准电池分为 H 形封闭玻璃管式和单管式两种,前者只能直立,切忌倒置、振荡。

按标准电池中电解液的浓度,又可分为饱和式与不饱和式两种,饱和式标准电池的电动势最稳定,但随温度变化比较明显,不饱和式标准电池的电动势受温度影响较小。标准电池 $E_s(t)$ 的值应根据所用标准电池的型号确定。

图 10-5 饱和式标准电池实物图

【实验器材】

滑线式电位差计、检流计、稳压直流电源、标准电池、待测电池、滑动变阻器各一台;电键、双刀双掷开关各一个;导线若干。

【实验步骤】

1. 按图 10-3 连接电路。接线时需断开所有开关,并特别注意工作电源 E 的正负极,应与标准电池 E_s 和待测电池 E_x 的正负极相对。否则,检流计的指针总不会指到零。

2. 校准电位差计,即固定 L_s,调节工作电流 I 的大小使得 E_s 被补偿。首先选定电阻丝单位长度上的电压降为 A,记下室温下标准电池的电动势 $E_s(t)$,调节 C、D 两活动接头,使 C、D 电阻丝长度为

$$L_s = \frac{E_s(t)}{A} \qquad\qquad 式(10\text{-}4)$$

若实验中 $E_s(t)$=1.018 6V,选定 A=0.200 0V/m,则 L_s=5.093 0m,然后再接通 K_1,将 K_2 倒向 E_s,调节 R_n,同时断续按下滑动接头 D,直到检流计的指针不偏转。此时,电阻丝上每米的电压降为 A。

3. 断开 K_3,固定 R_n,即保持工作电流不变。将 K_2 倒向 E_x,活动接头 D 移至直尺左边 0 处,按下接头 D,同时移动插头 C,找出使检流计偏转方向改变的两相邻插孔,将插头 C 插在数字较小的插孔上。然后,向右移动接头 D,当 G 的指针不偏转时,记下 CD 间电阻丝的长度 L_x,再将 K_3 接通,对 L_x 进行微调。

重复这一步骤,求出 L_x 的平均值 $\overline{L}_x$。于是 $E_x = A\overline{L}_x$。

4. 确定测量结果的误差。若测得 G 的指针开始向左偏转时，CD 间电阻丝长度为 L，开始向右偏时为 L'，则 L_x 的最大误差 $\Delta L_x = \dfrac{L - L'}{2}$。由于检流计指针本身的惯性，在通电的电流小于某一电流值时，指针不能反映出来，使得电阻丝上每米的电压降 A 存在误差 ΔA，而且，$\dfrac{\Delta A}{A} \approx \dfrac{\Delta L_x}{L_x}$。因此：

$$\Delta E_x = \left(\frac{\Delta A}{A} + \frac{\Delta L_x}{L_x} \right) E_x = 2\frac{\Delta L_x}{L_x} E_x \qquad\qquad 式(10\text{-}5)$$

5. 写出实验报告，设计记录表格，对实验结果进行误差分析，并进行讨论。

【注意事项】

1. 标准电池必须在温度波动小的条件下保存。应远离热源，避免太阳直射。

2. 标准电池正负极不能接错。通入或取自标准电池的电流一般不大于 10^{-5}A。不允许当作电源供电，绝不允许将两极短路连接，绝不允许用电压表去测定它的电动势。

3. 标准电池内是装有化学物质溶液的玻璃容器，要防止振动和摔坏。

【思考题】

1. 标准电池为什么不能作为普通电源来使用？

2. 实验中如果发现检流计指针总往一边偏转，无法调节平衡，试分析有哪些原因。

3. 若选定 A=0.200 0V/m，则待测电动势的测量范围是多少？

（杨海波）

【实验目的】

1. 掌握毕奥－萨伐尔定律的内容及应用。

2. 熟悉直导体和圆形导体环路激发的磁场的特点。

3. 学会利用磁感应强度探测器验证直导体和圆形导体环路激发的磁感应强度与毕奥－萨伐尔定律是否一致。

【实验原理】

根据毕奥－萨伐尔定律,导体所载电流强度为 I 时,在空间 P 点处,由导体电流元 $I\mathrm{d}\boldsymbol{l}$ 产生的磁感应强度 $\mathrm{d}\boldsymbol{B}$ 的大小为

$$\mathrm{d}B = \frac{\mu_0}{4\pi} \cdot \frac{I\mathrm{d}l\sin\theta}{r^2} \qquad \text{式(11-1)}$$

式(11-1)中, $\mu_0 = 4\pi\times10^{-7}\mathrm{T\cdot m/A}$,为真空磁导率。 $\mathrm{d}\boldsymbol{B}$ 的方向垂直于 $I\mathrm{d}\boldsymbol{l}$ 与 r 所构成的平面,且 $I\mathrm{d}\boldsymbol{l}$ 、 r 和 $\mathrm{d}\boldsymbol{B}$ 三者的方向满足右手定则,即右手四指从电流元 $I\mathrm{d}\boldsymbol{l}$ 方向经小于 π 的角转向 r 方向,则伸直拇指所指方向即为 $\mathrm{d}\boldsymbol{B}$ 的方向。由此可以求解具有确定几何形状的载流导体周围空间磁场分布情况。例如,一根无限长直导体,在距轴线 r_0 的空间产生的磁场大小为

$$B = \frac{\mu_0 I}{2\pi r_0} \qquad \text{式(11-2)}$$

其磁感应线为同轴圆柱状分布,如图 11-1 所示。

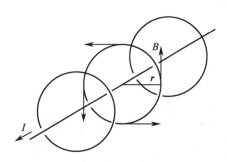

图 11-1　无限长直导体激发的磁场

半径为 R 的圆形导体回路在沿圆环轴线距圆心 x 处产生的磁场大小为

$$B = \frac{\mu_0 I R^2}{2\left(r_0^2 + R^2\right)^{\frac{3}{2}}}$$
式(11-3)

其磁感应线平行于轴线,如图 11-2 所示。

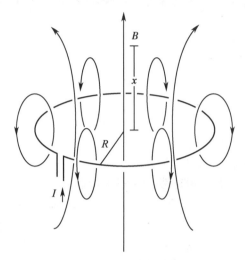

图 11-2　圆形导体回路激发的磁场

本实验中,上述导体产生的磁场将分别利用轴向以及切向磁感应强度探测器来测量。磁感应强度探测器件非常薄,对于垂直其表面的磁场分量响应非常灵敏。因此,不仅可以测量出磁场的大小,也可以测量其方向。对于直导体,实验测定了磁感应强度 B 与距离 r 之间的关系;对于圆形导体环路,测定了圆环轴线上磁感应强度 B 与轴向坐标 x 之间的关系。另外实验还验证了磁感应强度 B 与电流强度 I 之间的关系。

【实验器材】

毕 - 萨实验仪。仪器介绍如下。

1. 仪器结构　毕 - 萨实验仪由主机、恒流源、待测圆环、待测直导线、黑色铝合金槽式导轨及支架组成,如图 11-3 所示。该实验仪有清零功能,可以消除地磁场影响。

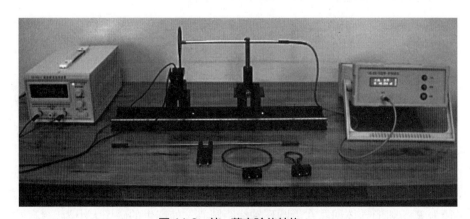

图 11-3　毕 - 萨实验仪结构

2. 使用方法

(1)恒流源的操作面板如图 11-4 所示,在没有负载的情况下将电压表示数调到 2V 以下。关闭电源接上负载,保持电压旋钮位置不变,正常调节电流旋钮。

1. 电流显示;2. 电压显示;3. 电压调节;4. 电流调节;5. 电源开关;
6. 电流输出正极;7. 电流输出负极。

图 11-4　恒流源的操作面板

(2)毕 - 萨实验仪操作面板如图 11-5 所示。按电源开关键,显示屏显示水平方向的磁场大小,如图 11-6 所示;按方向切换键,显示屏显示竖直方向的磁场大小,如图 11-7 所示;再按方向切换键切换到水平方向。

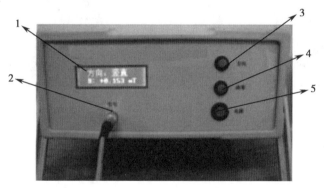

1. 显示屏;2. 传感器接口;3. 电源开关;4. 清零按键;5. 方向切换键。

图 11-5　毕 - 萨实验仪

图 11-6　水平方向测量显示

图 11-7　竖直方向测量显示

（3）传感器被封装在探测杆内部，其位置在黑点处。测量时黑点必须朝上放置。探点距长直导体的距离 r 如图 11-8 所示，图中 $r_0 = 2mm$，$s_0 = 3.7mm$，$r = s + r_0 + s_0 = s + 5.7mm$，$s$ 从导轨刻度读取，刻度读取示意如图 11-9 所示。探点位置可以通过二维调节支架微调。

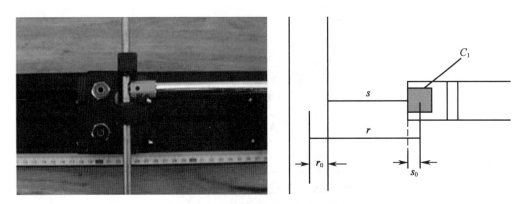

图 11-8　传感器探点与长直导体

探测器竖直位置
固定旋钮

探测器水平位置
调节旋钮

图 11-9　刻度尺读数

【实验步骤】

1. 直导体激发的磁场

（1）将直导体插入支座上，并接至恒流源。

（2）将磁感应强度探测器与毕 - 萨实验仪连接，方向切换为垂直方向，并调零。

（3）将磁感应强度探测器与直导体中心对准。

（4）向探测器方向移动直导体，尽可能使其接近探测器（距离 $s=0$）。

（5）从 0 开始，逐渐增加电流强度 I，每次增加 1A，直至 10A，逐次记录测量到的磁感应强度 B 的值。

（6）令 $I=10A$，逐步向右移动磁感应强度探测器，测量磁感应强度 B 与距离 s 的关系，并记录相应数值。

2. 圆形导体环路激发的磁场

（1）将直导体换为 $R=40mm$ 的圆环导体，并接至恒流源。

（2）将磁感应强度探测器与毕 - 萨实验仪连接,方向切换为水平方向,并调零。

（3）调节磁感应强度探针器的位置至导体环中心。

（4）从 0 开始,逐渐增加电流强度 I,每次增加 1A,直至 10A。逐次记录测量到的磁感应强度 B 的值。

（5）令 I=10A,逐步向右及向左移动磁感应强度探测器,测量磁感应强度 B 与坐标 x 的关系,记录相应数值。

（6）将半径为 40mm 导体环替换为 80mm 及 120mm 半径的导体环。分别测量磁感应强度 B 与坐标 x 的关系。

【注意事项】

1. 仪器使用前需预热 5 分钟再进行测量。

2. 测量时,尽量使磁场探测器远离电源,避免电源辐射的磁场梯度对测量的影响。

3. 调整电源和磁场探测器的位置角度或增加两者之间的距离可以基本消除电源辐射的磁场梯度对测量的影响。

4. 确认导线正确连接,电流值旋钮逆时针调到最小后再开关电源。

5. 磁场探测器的导线请勿用力拉伸。

【思考题】

1. 毕奥 - 萨伐尔定律的内容是什么?

2. 实验结果是否与毕奥 - 萨伐尔定律一致,如果有偏差,试分析产生的原因。

（高　杨）

实验十二　霍尔效应及其应用

【实验目的】

1. 掌握用霍尔效应测量半导体试样特性的原理和方法。
2. 学会用"对称测量法"消除副效应的影响,测量半导体试样的霍尔系数。
3. 学会判断半导体试样的导电类型、计算半导体试样的载流子数密度。

【实验原理】

置于磁场中的载流体,如果电流方向与磁场方向垂直,则在垂直于电流和磁场的方向上会产生一个附加的横向电场,这个现象称为霍尔效应。霍尔效应是测定半导体材料电学参数的主要手段。

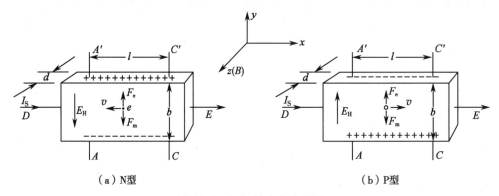

图 12-1　霍尔效应实验原理

霍尔效应本质上是运动的带电粒子在磁场中受到洛伦兹力作用而引起的,如图 12-1 所示,若在 x 轴方向通以工作电流 I_S,在 z 轴方向外加磁场 B,则半导体试样中的载流子在 y 轴方向所受洛伦兹力大小为

$$F_m = qvB \hspace{3cm} 式(12-1)$$

式(12-1)中,q 为载流子的电量,v 是载流子在电流方向上的平均漂移速度。在洛伦兹力的作用下载流子将向 A 侧运动,从而在半导体试样 A、A' 两侧聚集等量异号电荷,由此产生附加电场——霍尔电场 E_H。电场的指向取决于半导体试样的导电类型。对 N 型半导体试样(多数载流子是电子),霍尔电场的方向指向 y 轴负方向;P 型半导体试样(多数载流子是带正电的空穴),霍尔电场的方向指向 y 轴正方向。

显然,霍尔电场将阻止载流子继续向 A 侧运动,当电子作为载流子所受的横向电场力 qE_H 和洛伦兹力 qvB 相等,即

$$qE_H = qvB \qquad\qquad \text{式}(12\text{-}2)$$

此时,样品 A、A' 两侧电荷的积累达到平衡。

设半导体试样的宽为 b,厚度为 d,载流子数密度为 n,则流经半导体试样的工作电流

$$I_S = nqvbd \qquad\qquad \text{式}(12\text{-}3)$$

由式(12-2)和式(12-3)可得

$$U_H = \frac{1}{nq}\frac{I_S B}{d} = R_H \frac{I_S B}{d} \qquad\qquad \text{式}(12\text{-}4)$$

由式(12-4)可知,霍尔电压 U_H(A、A' 电极之间的电压)与工作电流强度 I_S 和磁感应强度 B 成正比,与半导体试样厚度 d 成反比。比例系数 $R_H = \dfrac{1}{nq}$ 称为霍尔系数,它是反映材料霍尔效应强弱的重要参数,只要测出霍尔电压 U_H、工作电流强度 I_S、磁感应强度 B 和半导体试样厚度 d,则可计算出霍尔系数

$$R_H = \frac{U_H d}{I_S B} \qquad\qquad \text{式}(12\text{-}5)$$

根据霍尔系数 R_H,可求出半导体试样的载流子数密度

$$n = \frac{1}{qR_H} \qquad\qquad \text{式}(12\text{-}6)$$

由 R_H 的符号(或霍尔电压的正、负)可判断半导体试样的导电类型。判断的方法是按图 12-1 所示的 I_S 和 B 的方向,若测得的霍尔电压 $U_H = U_{AA'}$ 为负,即点 A 的电位低于点 A' 的电位,则 R_H 为负,半导体试样为 N 型,反之则为 P 型。

在实际测量时,实验测得的 A、A' 两电极之间的电压并不等于真实的 U_H,而是包含着多种副效应引起的附加电压,副效应主要有以下四种。

1. 埃廷斯豪森效应 由于载流子实际上并非以同一速度沿 x 轴方向运动,速度大的载流子回转半径大,能较快地到达霍尔片的 A 侧面,从而导致 A 侧面较 A' 侧面集中较多能量高的载流子,结果 A、A' 两侧出现温差,产生温差电动势。其大小与 $I_S B$ 成正比,正负与工作电流 I_S 和外加磁场 B 的方向都有关。

2. 能斯特效应 由于两工作电流电极 D、E 与霍尔片之间的接触电阻可能不同,电流通过时,电阻发热程度不同,导致两电极间有温度差,于是在工作电流 I_S 方向上引起热扩散电流。与霍尔效应类似,该热扩散电流也会在 A、A' 两侧形成电势差。若只考虑接触电阻的差异,则能斯特效应引起的电势差的正负仅与外加磁场 B 的方向有关。

3. 里吉 - 勒迪克效应 能斯特效应中的热扩散电流,其载流子的速度分布也不均匀,热流电子受洛伦兹力后又会在 A、A' 两侧形成温差电动势。里吉 - 勒迪克效应产生电势差的正负仅与外加磁场 B 的方向有关,而与工作电流 I_S 的方向无关。

4. 不等位电势效应 是指由于制造的困难及材料的不均匀性,A、A' 两电极位置很难接在同一等势面上,只要有电流沿 x 轴方向流过,即使没有磁场,A、A' 两电极间也会产生一个电势差。这种由横向电极位置不对称而产生的电位差称为不等位电势差。不等位电势差的正负只与工作电流 I_S 的方向有关,而与外加磁场 B 的方向无关。

　　霍尔效应实验中副效应的存在,使 U_H 的测量产生系统误差,所以必须设法消除副效应的影响。本实验采用电流和磁场换向的对称测量法,把副效应的影响降低。具体的做法是设定 I_S 和 B 的正方向,保持工作电流 I_S 和外加磁场 B 的大小不变,切换 I_S 和 B 的方向,依次测量下列四组组合的 A、A' 两点之间的电势差 U_1、U_2、U_3 和 U_4,即 $U_1(+I_S,+B)$、$U_2(+I_S,-B)$、$U_3(-I_S,-B)$ 和 $U_4(-I_S,+B)$。然后求 U_1、U_2、U_3 和 U_4 的代数平均值,可得霍尔电势差

$$U_H = \frac{U_1 - U_2 + U_3 - U_4}{4} \qquad\qquad 式(12\text{-}7)$$

【实验器材】

　　霍尔效应实验仪、霍尔效应测试仪、连接导线。

　　霍尔效应实验装置如图 12-2 所示。

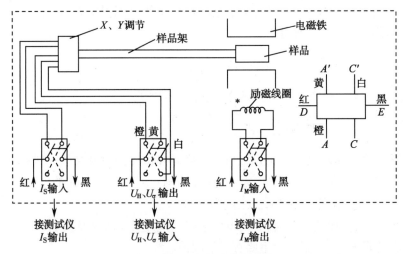

图 12-2　霍尔效应实验装置

【实验步骤】

　　1. 按图 12-2 连接霍尔效应测试仪和霍尔效应实验仪之间相应的 I_S、U_H/U_σ 和 I_M 各组连线(其中 I_M 为通入电磁线圈产生磁场的电流,称为励磁电流。产生的磁感应强度 B 与励磁电流 I_M 成正比,即 $B = KI_M$,比例系数 K 的大小由厂家给定,并已标注在霍尔效应实验仪上)。霍尔效应测试仪的"I_S 输出"接霍尔效应实验仪的"I_S 输入",霍尔效应测试仪的"I_M 输出"接霍尔效应实验仪的"I_M 输入",霍尔效应测试仪的"U_H/U_σ 输入"接霍尔效应实验仪的"U_H/U_σ 输出"。

　　2. 将霍尔效应实验仪的"U_H/U_σ"切换开关投向 U_H 侧,霍尔效应测试仪的"功能切换"置于 U_H,并将霍尔效应实验仪 I_S 及 I_M 换向开关掷向某一侧。I_S 及 I_M 换向开关投向上方,表明 I_S 及 I_M 均为正值(即 I_S 沿 x 轴方向,B 沿 z 轴方向),反之为负值。

　　3. 为了准确测量,先对霍尔效应测试仪进行校零,即将测试仪的"I_S 调节"和"I_M 调节"旋钮均置零位,待开机数分钟后若 U_H 显示不为零,可通过面板左下方小孔的"调零"电

位器实现调零。

4. 保持 $I_M = 0.600A$ 不变,根据数据表 12-1 改变 I_S 的大小,并通过切换换向开关转换 I_S 和 B 的符号,测量相应的 U_H 值,记入数据表 12-1 中。按式(12-7)计算平均值 U_{H1},画出对应的 $U_{H1} - I_S$ 图线并求出斜率,即 $\dfrac{U_H}{I_S}$ 平均值。导体试样厚度 d 由实验室给出,再根据式(12-5)计算霍尔系数 R_{H1}。

表 12-1　霍尔效应实验数据表(一)

$I_M = 0.600A$　　I_S 取值:1.00~4.00mA

I_S/mA	U_1/mV $+I_S+B$	U_2/mV $+I_S-B$	U_3/mV $-I_S-B$	U_4/mV $-I_S+B$	U_{H1}/mV
1.00					
1.50					
2.00					
2.50					
3.50					
4.00					

5. 保持 $I_S = 3.00mA$ 不变,根据数据表 12-2 改变 I_M,并通过切换换向开关转换 I_S 和 B 的符号,测量相应的 U_H,记入数据表 12-2 中。按式(12-7)计算平均值 U_{H2},画出对应的 $U_{H2} - I_M$ 图线并求出斜率,即 $\dfrac{U_H}{I_M}$ 平均值,再根据式(12-5)计算霍尔系数 R_{H2}。

表 12-2　霍尔效应实验数据表(二)

$I_S = 3.00mA$　　I_M 取值:0.300~0.800A

I_M/A	U_1/mV $+I_S+B$	U_2/mV $+I_S-B$	U_3/mV $-I_S-B$	U_4/mV $-I_S+B$	U_{H2}/mV
0.300					
0.400					
0.500					
0.600					
0.700					
0.800					

6. 由 R_{H1} 和 R_{H2} 计算霍尔系数的平均值 $\overline{R_H}$。判断半导体试样的导电类型。

7. 根据式(12-6)计算半导体试样中的载流子数密度 n(式中 R_H 为 $\overline{R_H}$)。

【注意事项】

1. 连线时严禁将霍尔效应测试仪的"I_M 输出"误接到霍尔效应实验仪的"I_S 输入",否则一旦通电,霍尔器件易遭损坏。

2. 仪器出厂前,样本霍尔片已调至电磁铁中心位置固定,实验中禁止手动调节。霍尔片性脆易碎、电极极细易断,严禁碰撞及触摸。

【思考题】

1. 霍尔效应实验如何消除副效应的?
2. 有人说霍尔系数越大,导体片导电性能越好,这种说法对不对? 说明原因。

（张 宇）

实验十三 用阿贝折射仪测定液体的折射率

【实验目的】

1. 学习用掠射法测量液体折射率的原理,了解阿贝折射仪的结构,掌握该仪器的正确使用方法。
2. 学习使用阿贝折射仪测量液体的折射率和确定液体浓度的方法。
3. 掌握处理实验数据的图示法和一元线性回归法。

【实验原理】

折射率是半透明或透明材料的一个重要光学常数。全反射法是测定透明材料折射率的方法之一,具有测量方便快捷、对环境要求不高、不需要单色光源等特点。但由于其属于比较测量法,故测量的准确度不高,被测物折射率的大小受到限制(为 1.3~1.7),且对固体材料还需制成试件等。尽管如此,在一些精度要求不高的测量中,该方法仍被广泛使用。阿贝折射仪就是根据全反射原理制成的一种专门用于测量透明或半透明液体和固体折射率及色散率的仪器,是药物检验中常用的分析仪器,还可用来测量糖溶液的含糖浓度。本实验即利用阿贝折光仪进行液体折射率的测定。

如图 13-1 所示,一束光线从一种介质射向另一种介质的平滑界面。如果用 n_1 和 n_2 分别表示第一种介质和第二种介质的折射率,i 表示入射角,r 表示折射角,则由折射定律,得到

$$n_1 \sin i = n_2 \sin r \qquad \qquad 式(13-1)$$

当光线从光疏介质射向光密介质时($n_1 < n_2$),入射角大于折射角($i > r$);当光线从光密介质射向光疏介质时,折射角将大于入射角,当入射角为某一数值时,折射角恰等于 90°,此时的入射角称为临界角。

反之,由光路的可逆性可知,当光线由光密介质射向光疏介质时,如果入射角为 i_0,则折射角等于 90°;若入射角继续增大,则光线将全部反射回光密介质中。因此,当光在光疏介质中的入射角在 0°~90° 范围内,即 0°~90° 范围均有光线时,在光密介质中只有临界角 i_0 内有光线,而在大于 i_0 范围为暗区,因而形成明暗分界线(用望远镜观察时),如图 13-2 所示。

如图 13-3 所示,根据全反射原理制成的阿贝折射仪,其内部由两个相同的直角棱镜 ABC 和 DEF 组成。两棱镜面 AC 与 FD 之间是折射率为 n' 的待测液体薄层。棱镜面 DF 为磨砂表面,由光源发出的光由平面镜 M 反射经透光孔 P 进入棱镜 DEF,折射后射到磨砂面,DF 被照亮后成为发光面。由于磨砂面使光线向各方向漫射,因此由 DF 面发出的漫射光线通过液层后入射到棱镜面 AC。因液层很薄,可认为入射角非常接近于 90°,如图 13-3 中的

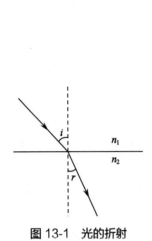

图 13-1 光的折射

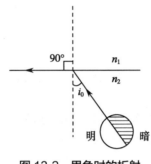

图 13-2 界角时的折射

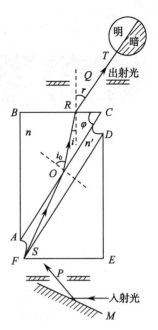

图 13-3 阿贝折射仪原理图

光线 SO ,亦称为掠射光线。若棱镜的折射率为 n ,因 $n > n'$,则 SO 射入 AC 面的折射角即为棱镜对液体的临界角 i_0 。光线 OR 在 BC 面的入射角 i 及折射角 r 都由 i_0 而定,即待测液体的折射率 n' 决定了出射线的位置。由于 SO 是所有入射 AC 面的光线中入射角最大的(接近于 $90°$),故所有射入 AC 面的光线经两次折射后其出射线的方向只能在 RT 的左边。若射入光线为单色光,则对准 RT 方向的望远镜视野中,能看到一半明一半暗的图像,而 RT 方向的光线所成的像就是这明暗的分界线。因此,只要测定分界线 RT 的出射角 r 就可以求出待测液的折射率 n' 。

在图 13-3 中。设棱镜的棱角 $\angle ACB = \varphi$,则由三角关系可知:

$$i_0 + 90° = i + 90° + \varphi$$

即

$$i_0 = i + \varphi \qquad \text{式(13-2)}$$

由折射定律得

$$n' \sin 90° = n \sin i_0 \qquad \text{式(13-3)}$$

得

$$n' = n \sin i_0 = n \sin(i + \varphi) = n \sin i \cdot \cos \varphi + n \cos i \cdot \sin \varphi \qquad \text{式(13-4)}$$

在 BC 界面

$$n \sin i = n_空 \sin r = \sin r \text{ (其中 } n_空 = 1 \text{)} \qquad \text{式(13-5)}$$

故

$$\sin i = \frac{\sin r}{n}$$

$$\cos i = \sqrt{1 - \sin^2 i} = \frac{1}{n} \sqrt{n^2 - \sin^2 r} \qquad \text{式(13-6)}$$

将式(13-6)代入式(13-4)得

$$n' = \sin r \cos \varphi + \sin \varphi \sqrt{n^2 - \sin^2 r} \qquad \text{式(13-7)}$$

其中,式(13-7)中棱镜的棱角 φ 和折射率 n 均为定值,因此只要由从折射仪测得角 r ,即可测定待测液体的折射率 n'。在阿贝折射仪的刻度盘上直接刻有与出射角 r 对应的 n 值,因此,使用阿贝折射仪测量物体的折射率时,不必再进行换算,可直接从刻度盘上读出待测液体的折射率。

用阿贝折射仪来进行定性和定量分析的方法,称为折光分析法。通常在测量溶液浓度时,可用已知浓度的若干标准溶液在阿贝折射仪上测出其折射率,从而求得该种溶液的折射率 - 浓度曲线,然后,测出待测溶液的折射率 n_x,再根据此标准曲线求出未知浓度 C_x。

【实验器材】

阿贝折射仪、标准玻璃块、蒸馏水、无水乙醇、几种不同浓度的待测溶液、滴管、擦镜纸等。

仪器介绍:

1. 阿贝折射仪的光学系统阿贝折射仪主要由望远镜系统与读数系统两部分组成(图13-4)。

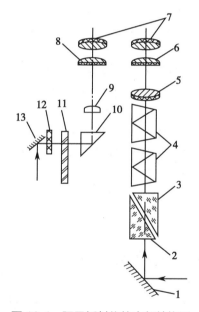

图 13-4 阿贝折射仪的内部结构图

望远镜系统入射光线由反光镜 1 进入进光棱镜 2 及折射棱镜 3,被测定液体置于 2、3 之间,经消色散棱镜 4,抵消由于折射棱镜及被测物体所产生的色散。由物镜 5 将明暗分界线成像于场镜 6 的平面上,经场镜 6、目镜 7 放大后成像于观察者眼中。

读数系统光线由小反光镜 13 经过毛玻璃 12 和照明度盘 11,经转向棱镜 10 及物镜 9 将刻度成像于场镜 8 的平面上,经场镜 8 目镜 7 放大后成像于观察者眼中。

2. 阿贝折射仪结构系统阿贝折射仪的结构如图 13-5 所示。底座 14 是仪器的支承座,也是轴承座。13 为温度计座。因温度对折射率有影响,为了保证测定精度在必要时可使用恒温器。

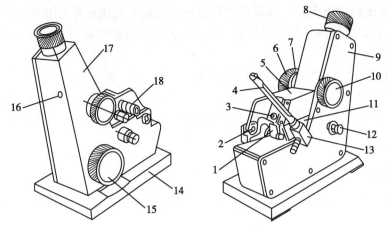

图 13-5   阿贝折射仪的结构图

【实验步骤】

(一) 校准阿贝折射仪的读数

1. 打开反射镜,旋转目镜,使视野中的十字叉线成像清晰,然后合上反射镜。

2. 在开始测定前必须先用标准试样校对读数。将标准试样之抛光面上加 1~2 滴溴代萘,贴在折射棱镜之抛光面上,如图 13-6 所示,标准试样抛光之一端应向上,以接受光线。

3. 当读数镜内指示于标准试样上之刻值时,观察望远镜内明暗分界线是否是在十字线中间、若有偏差则用附件校正扳手转动示值调节螺钉,使明暗分界线调整至中央。

在以后测定过程中该螺钉不允许再动,此工作由实验室在准备实验时完成。

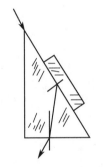

图 13-6   标准试样的放置

(二) 测定液体的折射率

1. 用脱脂棉沾乙醇将进光棱镜和折射棱镜擦拭干净、晾干,避免因残留其他物质而影响测量结果。

2. 转动锁紧手轮 10,打开棱镜,用滴管将少许待测液滴在进光棱镜的磨砂面上。合上棱镜锁紧,使待测液体在两棱镜面之间形成一层均匀无气泡的液膜(若待测液属极易挥发物质,则在测量中,需通过棱镜组侧边的小孔予以补充)。打开遮光板,观察视场。

3. 旋转棱镜转动手轮 15,在望远镜视场中观察明暗分界线的移动,使之大致对准十字叉丝的交点。然后旋转阿米西棱镜手轮 6,消除视场中出现的色彩,使视场中只有黑、白两色。

4. 再次微调棱转动手轮 15,使明暗分界线正对十字叉丝的交点,如图 13-7 所示。此时目镜视场下方显示出的与竖线对齐的刻度值即为该液体的折射率(上方标度为糖

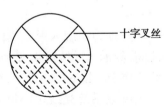

十字叉丝

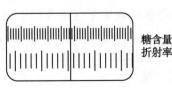

糖含量
折射率

图 13-7   望远镜视场

的百分含量),将实验数据记录在表 13-1 内。

5. 分别测定蒸馏水、乙醇溶液的折射率各三次,将实验数据记录在表 13-1 内。

6. 将棱镜表面用擦镜纸擦干净,重复步骤 2、3、4,测定七种不同浓度的待测溶液(作为标准溶液)的折射率。以浓度为横坐标、折射率为纵坐标,用坐标纸画出折射率 - 浓度的关系曲线。

7. 测量未知浓度的待测溶液的折射率。由步骤 6 中画出的折射率 - 浓度关系曲线,确定出该溶液的未知浓度。

8. 熟悉一元线性回归方法,设折射率 - 浓度的函数关系为 $y = a + bx$,由实验数据确定 a、b 值(请与由关系曲线得到的值比较)。并由该方程确定其未知浓度,求出相关系数。

(三) 测量糖溶液的含糖浓度

按照步骤(二)中的 1、2、3、4 完成后,读数镜目镜视场的上方标度即为所测糖溶液的百分比含糖浓度。

表 13-1　乙醇和不同浓度的待测液体的折射率

测量次数	乙醇	不同浓度的待测溶液的折射率 n							未知浓度
		0%	2%	4%	6%	8%	10%	13%	
第一次									
第二次									
第三次									
平均值									
绝对误差									
相对误差									
结果表示									

【注意事项】

1. 使用仪器前应先检查进光棱镜的磨砂面、折射棱镜及标准玻璃块的光学面是否干净,如有污迹用乙醇或乙醚棉擦拭干净。

2. 实验过程中要注意爱护光学器件。往棱镜上滴加待测液体时,不得使滴管与棱镜表面接触,不允许用手触摸光学器件的光学面,避免剧烈振动和碰撞。

3. 测完某种液体,换测其他液体时,必须将棱镜面擦洗干净,棱镜表面只能用擦镜纸擦洗,常用的清洗液有乙醇、乙醚、二甲苯等。糖类和易溶于水的盐类溶液应先用蒸馏水洗擦干净,再用有机溶剂洗涤,擦净并晾干后再继续使用。

4. 测量有腐蚀性液体时,应尽量避免将被测液体与仪器金属部分接触。

5. 液体的折射率与温度有关,如测量同一种液体在不同温度下的折射率,可将温度计插入孔 15 内,通入恒温水,待温度稳定十分钟后方可测量。

6. 仪器使用完毕后,棱镜面要用清洗液反复清洗,擦净并晾干(15分钟左右)后方可合上,装入保护盒,套上外罩。

【思考题】

1. 能否用阿贝折射仪测量折射率大于折光棱镜折射率的液体? 为什么?

2. 阿贝折射仪中的进光棱镜起什么作用?

3. 在测量乙醇的折射率时,随着乙醇的不断挥发,会出现什么现象? 为什么?

(支壮志)

一、透镜曲率半径的测量

【实验目的】

1. 观察牛顿环仪上产生的干涉现象,进一步理解等厚干涉的形成及其特点。
2. 学会使用读数显微镜,掌握用牛顿环仪测量平凸透镜曲率半径的方法。
3. 学会使用逐差法处理实验数据。

【实验原理】

光的干涉现象的应用非常广泛。其中,"牛顿环"是一种用分振幅方法实现的等厚干涉现象,物理学家利用这一装置,进行了大量的研究,推动了光波动理论的建立和发展。如今,牛顿环已经在工业测量中得到了许多实际应用,如测量光波波长、测量微小角度、测量微小长度变化、检测光学表面加工质量、测量液体折射率等。

本实验通过利用牛顿环仪测量平凸透镜的曲率半径。在一块光学玻璃平板上放置一块曲率半径较大的平凸玻璃透镜,四周用框架固定,就做成了牛顿环仪。这样平凸透镜的凸面与玻璃平板之间就形成了一层空气薄膜,其厚度从中心接触点到边缘逐渐增加。以接触点为圆心,以任一距离为半径作圆,这个圆周上的点对应空气薄层的厚度相同,即厚度相同的点在同一圆周上。

当用单色平行光垂直照射牛顿环仪时,一光波波列在空气薄膜上、下表面反射后,分离出两个小波列,它们满足相干光的条件,即频率相同,振动方向平行,相位差恒定,进行干涉。在反射方向上观察到的干涉条纹是以 O 为中心的明暗相间的同心圆环,这是由空气薄膜的厚度特点决定的。其中心是暗斑(考虑半波损失现象)。这种干涉条纹是牛顿最早发现的,故称为牛顿环。如图 14-1 所示。

设入射光波长为 λ,透镜的曲率半径为 R,在空气层厚度为 e 的地方产生第 m 个暗环(从环中心 O 数起),此暗环的半径为 r_m,由图 14-1 中的几何关系,得

$$R^2 = (R-e)^2 + r_m^2 \qquad 式(14\text{-}1)$$

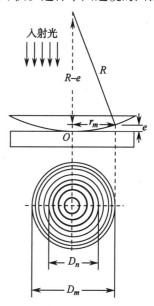

图 14-1　牛顿环装置与衍射图样

因 $R \gg e$,故可略去二阶小量 e^2 ,则有

$$e = \frac{r_m^2}{2R}$$

式 (14-2)

由光路分析可知,第 m 级暗环所对应的两束相干光的光程差为

$$\delta = 2e + \frac{\lambda}{2}$$

式 (14-3)

式 (14-3) 中, $\frac{\lambda}{2}$ 是光线在玻璃平板的上表面反射时因半波损失而附加的光程差。把式 (14-2) 代入式 (14-3),则第 m 级暗环上各点处的光程差均为

$$\delta = \frac{r_m^2}{R} + \frac{\lambda}{2}$$

式 (14-4)

又由光程差满足暗条纹的条件,得

$$\delta = \frac{r_m^2}{R} + \frac{\lambda}{2} = (2m+1)\frac{\lambda}{2}$$

式 (14-5)

式中, m 为暗条纹的级次,于是得 m 级暗条纹的半径满足

$$r_m^2 = mR\lambda$$

式 (14-6)

或 m 级暗条纹的直径满足

$$\left(\frac{D_m}{2}\right)^2 = mR\lambda$$

式 (14-7)

即 D_m 是第 m 级暗环的直径。当 $m=0$ 时, $r_m=0$,在理想情况下,牛顿环中心暗点应该是几何点, R 、 λ 一定时, m 越大,即环纹级次越高,两相邻暗环间距越小。条纹间距为

$$\Delta r = \sqrt{R\lambda}\left(\sqrt{n_{m+1}} - \sqrt{n_m}\right)$$

如果入射光波长 λ 为已知,只要测出第 m 级暗环的半径(或直径),就可由式 (14-6) 或式 (14-7) 算出透镜曲率的半径。

但是,在实际测量时,由于透镜和玻璃板接触时的接触压力会引起弹性形变,使接触点不可能是一个几何点,而是一个圆面。有时接触处还会附着一些灰尘,因此会引起附加程差,使得接近圆心处的环纹比较模糊。即很难准确测量环纹的级次 m 及精确测出其环半径 r_m ,使条纹级数 m 和 r_m 与实际不符,给测量带来较大的系统误差。为了消除上述误差,实验中可选取相隔 $(m-n)$ 环的两个暗环的直径差来进行计算,即

第 n 级暗环: $$\left(\frac{D_n}{2}\right)^2 = nR\lambda$$

式 (14-8)

第 m 级暗环: $$\left(\frac{D_m}{2}\right)^2 = mR\lambda$$

式 (14-9)

用式 (14-9) 减去式 (14-8),得到

$$R = \frac{D_m^2 - D_n^2}{4(m-n)\lambda}$$

式 (14-10)

当波长为已知时,只要测定第 m 级和第 n 级暗环的直径 D_m 和 D_n ,由式 (14-10),就可以计算出透镜的曲率半径 R ;反之,若知道透镜的曲率半径 R ,也可以计算出波长 λ 。

【实验器材】

牛顿环仪、读数显微镜、钠光灯。

1. 牛顿环仪　牛顿环仪是由一个曲率半径较大的平面凸透镜与一块光学平玻璃片构成,如图 14-2 所示。通过紧固三个螺旋,使透镜的凸面中央部分与平玻璃接触,于是在透镜凸面和平玻璃间就形成一层空气薄膜,其厚度从接触点到边缘逐渐增加。当平行单色光垂直入射时,入射光在此薄膜上下表面反射的两束相干光,形成的干涉图样是以接触点 O 为中心的一系列明暗相间的同心圆环,即牛顿环。

2. 读数显微镜　读数显微镜的结构如图 14-3 所示,该仪器应放置在牢固、平稳、无震动的工作台上,在室温条件下使用。被测工件放于玻璃工作台面 8 上,用弹簧压片 7 牢固压紧,并使工件的背面与台面全部接触。调整目镜 1 使分划板刻线清晰可见,转动调焦手轮 4,从目镜观察使被测工件成像清晰。调整被测工件利用测微丝杠移动瞄准显微镜,使被测部位的横向与显微镜的移动方向平行,即可读数。在长标尺 14 上,读取整数部分,在测微鼓轮的刻度尺 14 上读取小数部分,两部分之和为该点的读数。如需改变观测位置,可将观测系统转到所需的位置后,再进行测定。

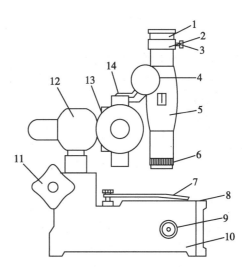

1. 目镜;2. 目镜筒;3. 锁紧螺钉;4. 调焦手轮;5. 镜筒;6. 物镜;
7. 压片;8. 玻璃台面;9. 反光镜旋轮;10. 底座;11. 锁紧手轮;
12. 锁紧手轮;13. 测微鼓轮;14. 长标尺。

图 14-2　牛顿环仪　　　　图 14-3　读数显微镜的结构图

【实验步骤】

(一) 调整测量装置

按照图 14-4 调整实验装置:牛顿环仪、钠光灯及读数显微镜。

1. 调节牛顿环仪　先用擦镜纸将牛顿环仪镜面轻轻擦净,然后调节三个紧固螺旋,使之可直接肉眼观察到干涉条纹,且使干涉条纹的圆形大致落在透镜中心。调节时需注意要松紧得当,太松则条纹不稳定,太紧则条纹变形,会损伤透镜甚至可使透镜破裂。

2. 让读数显微镜读数指示在主尺中点附近 打开钠光灯并使之对准45°玻璃片。将牛顿环置于镜下,调45°玻璃片和钠光灯位置高低,使钠光灯射出来的光线照射到45°玻璃片,经反射后垂直入射到牛顿环仪,再反射到读数显微镜,此时显微镜视场中亮度最大。

图 14-4　牛顿环仪测平凸透镜的装置图

3. 调整显微镜目镜,看清目镜的十字叉丝,然后用调焦旋钮对被测物进行调焦 先下调镜筒使镜头接近被测物(牛顿环),要眼睛脱离目镜从侧面观察勿使镜头碰到牛顿环,然后用眼睛通过目镜观察,并使镜筒缓慢向上移动,直到从目镜中看到清晰的干涉条纹并且条纹与叉丝无视差。(这样调节可避免镜头和待测物相碰)

4. 调节十字叉丝位置 旋转显微镜目镜筒,使十字叉丝中横丝与镜筒外面的主尺平行,然后缓慢移动牛顿环,使环纹中心与叉丝交点接近重合。

5. 转动测微鼓轮,使叉丝从环纹中心向左、右移动的足够环数应大于要测的最大环级数,要求在这左右移动的范围内光照均匀,环纹清晰,叉丝横丝基本穿过直径与主尺平行,纵丝在两边移动中可与环纹相切。(否则,应再细调45°玻璃片,聚焦及调牛顿环及钠光灯位置)。

(二)观察干涉条纹的分布特征

观察条纹的粗细是否均匀,条纹间隔有无变化,牛顿环中心是亮斑还是暗斑等。

(三)测量牛顿环的直径

1. 测量环的选取 由于暗纹位置容易对准,所以对准暗纹测量,又由于接近中心的圆环宽度变化较大,不易测准,故测量时需尽量避开靠近中心的数环。同时为减小相对误差,级数差 $m-n$ 应适当取大些。例如级数 m 可依次取 50、49、48、47、46。级数 n 则可取 25、24、23、22、21。

2. 测量所选的各级暗环位置 从环心(暗斑)开始,转动测微手轮。一边转动,一边数出暗纹的级数,一般情况下转至比测量的最大级次(m)多出 2~3 环(便于退回数环消除因螺距间隙引起的空程差)。例如,数到第 $m+2$ 环后,反方向转动测微手轮,使十字叉丝交点对准第 m 条暗纹的中间,从显微镜的主尺和测微手轮上的游标刻度记下读数 x_m,然后继续朝同一方向移动,使十字叉丝交点与第 n 条暗纹的中央对准,记下读数 x_n。继续朝同一方向转动测微手轮,经过牛顿环的中心后,将另一边的第 n 环和第 m 环的暗纹中心分别同目镜十字叉丝交点对准,依次记下相应的读数 x'_m 和 x'_n,则第 m 环和第 n 环的直径分别为 $D_m=|x_m-x'_m|$ 和 $D_n=|x_n-x'_n|$。将上述的测量数据均记录在表 14-1 内。

(四)数据处理

表 14-1　透镜曲率半径的测量数据   单位:mm

环级数	m	50	49	48	47	46
环位置	左读数					
	右读数					
环直径	D_m					

续表

环级数	n	25	24	23	22	21
环位置	左读数					
	右读数					
环直径	D_n					
$D_m^2 - D_n^2$						
曲率半径 R						

1. 表 14-1 所示为参考数据表格,其中各环数为参考数,单色光波长 $\lambda=589.3\text{nm}$。根据表中所测数据,求出 $\overline{D_m^2 - D_n^2}$、$\Delta(D_m^2 - D_n^2)$。

2. 测量结果及误差的计算

$$\overline{R} = \frac{\overline{D_m^2 - D_n^2}}{4(m-n)\lambda}$$

$$\frac{\Delta R}{\overline{R}} = \frac{\Delta(D_m^2 - D_n^2)}{\overline{D_m^2 - D_n^2}} + \frac{\Delta(m-n)}{m-n}$$

$$\Delta R = \frac{\Delta R}{\overline{R}} \cdot \overline{R}$$

其中,$\Delta(m-n) = \Delta m + \Delta n$。$\Delta m$、$\Delta n$ 是由于叉丝纵丝对准暗环纹中央所产生的对准误差,通过设此误差为条纹宽度的 1/10,故 $\Delta m = \Delta n = 0.1$,因而可以估计值 $\Delta(m-n) = \Delta m + \Delta n = 0.2$。

【注意事项】

1. 使用读数显微镜测一组数据时,只能从一个方向开始单方向移动,即鼓轮应沿一个方向转动,中途不可倒转,以免引入回程误差。

2. 仪器装置调好后,在测量过程中应避免碰动,特别要注意不可数错暗环数,否则要重新测量。

3. 实验完毕应将牛顿环上的三个紧固旋松开,以免长期受压力变形。

4. 钠光灯关闭后,必须稍等片刻才能重新打开。

【思考题】

1. 测量暗环直径时尽量选择远离中心的环来进行,为什么?

2. 牛顿环干涉条纹的中心在什么情况下是暗的?什么情况下是亮的?

3. 用白光照射时能看到牛顿环干涉条纹吗?此时条纹有何特征?

(支壮志)

二、利用劈尖干涉测量厚度

【实验目的】

1. 观察劈尖上的等厚干涉条纹。
2. 掌握利用劈尖干涉测量厚度的方法。

【实验原理】

本实验通过利用劈尖测量厚度,掌握应用干涉法测量的基本思想。将两块光学平玻璃叠合在一起,在其中一端垫入待测的薄片(薄纸或细丝),则在两个玻璃片之间形成一层楔形的空气薄膜,称空气劈尖。当用一束平行光垂直照射时,和牛顿环一样,在空气劈尖上、下两表面反射的两束相干光发生干涉,在劈尖上表面形成了一簇明暗相间、间距相等且平行于两玻璃片交线(即劈尖的棱)的干涉条纹。如图14-5所示。

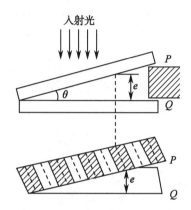

图 14-5 劈尖装置与衍射图样

在薄膜厚度 e 相同的地方,条纹(明纹或暗纹)的级次相同,故称其为等厚干涉。根据干涉明暗纹条件,当光程差满足

$$\delta = 2e_k + \frac{\lambda}{2} = (2k+1)\frac{\lambda}{2} \quad (k = 0,1,2,3\cdots)$$

时,第 k 级条纹是暗条纹。化简得

$$e_k = k\frac{\lambda}{2} \qquad \text{式(14-11)}$$

式中,e_k 为产生第 k 级暗条纹所对应的薄膜厚度。由式(14-11),可得两不同级次的暗条纹(k_1 级和 k_2 级)所对应的薄膜的厚度差为

$$e_{k_2} - e_{k_1} = (k_2 - k_1)\frac{\lambda}{2} \qquad \text{式(14-12)}$$

若式(14-12)中,左侧取薄片处与劈棱处的厚度之差即薄片的厚度 d,则级次差$(k_2 - k_1)$即为薄片处与劈棱处的级次之差。设劈尖上总的条纹间距数为 N,应用式(14-12)有

$$d = N \cdot \frac{\lambda}{2} \qquad \text{式(14-13)}$$

若 l 表示两相邻明(或暗)条纹的间距,则劈尖产生的总条纹数为

$$N = \frac{L}{l} \qquad \text{式(14-14)}$$

其中,L 为两玻璃片交线与所测薄片边缘的距离(即劈尖的有效长度)。条纹间距 l 可由读数显微镜测某 n 个条纹的间距 L_n 而求得,即

$$l = \frac{L_n}{n} \qquad \text{式(14-15)}$$

将式(14-14)、(14-15)代入式(14-13),得

$$d = L \cdot \frac{n}{L_n} \cdot \frac{\lambda}{2} \qquad\qquad 式(14-16)$$

实验中,已知单色光波长为 λ,则只要测量出某 n 个条纹的间距 L_n,代入式(14-16),即可求出所测薄片的厚度 d。

【实验器材】

劈尖仪、读数显微镜、钠光灯。

劈尖仪是由两块光学平玻璃叠合在一起,如图 14-6 所示。通过紧固四个压紧螺钉,使两块光学平玻璃的一侧相接触,另一侧垫入待测的薄片(薄纸或细丝),则在两玻璃片之间形成一楔形的空气劈尖。

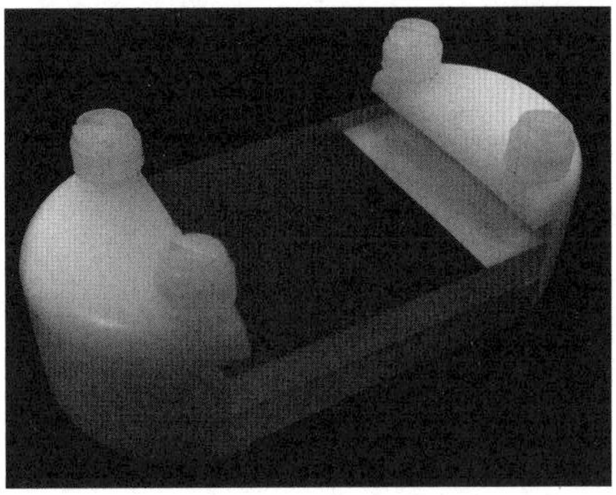

图 14-6 劈尖仪

【实验步骤】

(一) 用劈尖测薄片厚度

1. 把空气劈尖放在读数显微镜的工作台上,使劈尖两玻璃片交线及薄片边缘在可测量范围内。

2. 调节 45° 玻璃片和钠光灯位置,对显微镜调焦(方法与牛顿环实验中相同),调整劈尖在工作台上的位置,使得从目镜中能看到清晰的干涉条纹,且使干涉条纹与十字刻线的纵线平行。如果干涉条纹与两玻璃片交线不平行,则可能是压紧螺钉松紧不合适或薄片上有灰尘,可适当调整压紧螺钉的松紧或者擦干净薄片。

3. 转动鼓轮 15,把显微镜筒移动到标尺一端再反转,测出劈尖有效长度 L(即两玻璃交线与薄片边缘的距离)。

4. 在劈尖中部附近条纹清晰处,任选一条暗纹(记为第一级)开始记数。用读数显微镜测出 N 条暗纹的间距长度 s,为减小误差,N 的数值可取大些(如 30 条左右)。

5. 重复步骤 4 共三次,记入表 14-2 数据表格中。用逐差法处理数据。

(二) 数据处理

表 14-2 用劈尖测薄片厚度 单位:mm

测量次数	1	2	3	平均值
劈尖棱长 L				
暗条纹位置 第一级暗纹位置 x_1				
第 n 级暗纹位置 x_{n+1}				

将数据代入式(14-16),即可求出薄片的厚度 $\bar{d}$。

$$\overline{L_n} = \left| \overline{x_{n+1}} - \overline{x_1} \right| =$$

$$\bar{d} = \bar{L} \cdot \frac{n}{\bar{L}_n} \cdot \frac{\lambda}{2} =$$

【思考题】

1. 在实验中若观察到的条纹发生畸变,向接触棱处外凸,为什么?
2. 如何用等厚干涉原理检验光学平面的表面质量?

（支壮志）

实验十五 分光计的调节和使用

一、分光计的调节

【实验目的】

1. 了解分光计的构造及各组成部分的作用。
2. 掌握分光计的调节方法和测量方法。

【实验原理】

下面介绍分光计的结构和作用。分光计是光学实验室中常用的精密光学仪器,用它可以准确测量反射角、折射角、衍射角、棱镜的最小偏向角、棱镜的折射率及观察光谱等。如图 15-1 所示,分光计由以下五部分组成:三脚架座、载物平台、望远镜、平行光管和读数圆盘。

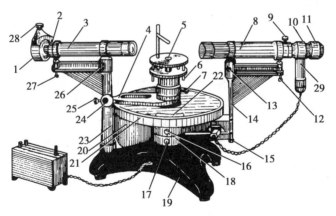

1. 狭缝装置;2. 狭缝装置锁紧螺丝;3. 平行光管;4. 制动架 2;5. 载物台;6. 载物台调平螺丝;7. 载物台锁紧螺丝;8. 望远镜;9. 望远镜锁紧螺丝;10. 阿贝式自准直望远镜;11. 目镜视度调节手轮;12. 望远镜光轴高低调节螺丝;13. 望远镜光轴水平调节螺丝;14. 支臂;15. 望远镜微调螺丝;16. 转轴与度盘止动螺丝;17. 望远镜止动螺丝;18. 制动架 1;19. 底座;20. 转座;21. 度盘;22. 游标盘;23. 立柱;24. 游标盘微动螺丝;25. 游标盘制动螺丝;26. 平行光管光轴水平调节螺丝;27. 平等光管光轴高低调节螺丝;28. 狭缝宽度调节手轮;29. 目镜照明电源。

图 15-1 分光计

1. 三脚架座　是整个分光计的底座,中心有一垂直方向的转轴,望远镜和读数圆盘可绕该轴转动。

2. 载物平台 用于放置待测物体,可绕中心轴转动,平台下位于正三角形顶点处有三颗螺丝,能将台面调平、调高。

3. 望远镜 如图 15-2 所示,望远镜由物镜、十字刻线和目镜组成。十字刻线装在物镜和目镜之间的 B 筒上,B 筒可沿 A 筒轴向移动或转动以改变十字刻线与物镜之间的距离。十字刻线可以调到物镜的焦平面上。目镜由场镜和接目镜组成,目镜 C 装在 B 筒里,可沿 B 筒滑动以改变目镜与十字刻线的距离,使十字刻线被调到目镜的焦平面上。阿贝式目镜是在目镜和十字刻线间装有一个全反射小三棱镜。光线由十字窗射到小三棱镜上,经全反射后,照亮十字刻线,通过物镜向外射出光线,当光线遇到与之垂直的平面镜反射后再进入望远镜,所成的绿十字像与十字刻线重合,如图 15-3 所示。利用阿贝式目镜可以借其自身发出的平行光束进行调准,故称为自准直望远镜。整个望远镜可绕中心轴转动,其高低、水平可以调节。

4. 平行光管 用于产生平行光,是一根长短可伸缩的圆筒套管,管端装有宽度可调的狭缝,另一端装有凸透镜。用光源照明狭缝,改变狭缝与透镜之间的距离,当狭缝落在透镜的焦平面上时,像可成在无穷远处,此时平行光管射出的光束即为平行光束。借助调节螺丝可调节平行光管的高低和水平。

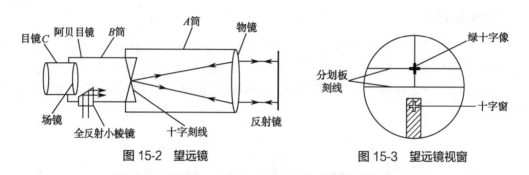

图 15-2 望远镜   图 15-3 望远镜视窗

5. 读数圆盘 读数圆盘由可绕中心轴转动的刻度盘和游标盘组成。刻度盘分为 360°,最小刻度为 30′,它与望远镜固定连接,可随望远镜一起转动。游标盘置于刻度盘上的左右两个读数小窗下面,每个盘分为 30 等分,与刻度盘的 29 小格相等,精密度为 1′,其原理及读数方法与直线游标类似,即先读出游标盘零线前刻度盘上的读数,然后找游标盘与刻盘对齐的刻线并读数,则最后的读数为两者之和(图 15-4)。当测量转角时,应同时读出转动前左右两个小窗的读数 θ_1、θ_2 和转动后两个小窗读数 θ_1'、θ_2'。理论上,$\Delta\theta = \theta_1' - \theta_1 = \theta_2' - \theta_2$,为消除误差实际的转角 $\Delta\theta$ 可按下式计算:

$$\Delta\theta = \frac{1}{2}[(\theta_1' - \theta_1) + (\theta_2' - \theta_2)] \qquad 式(15\text{-}1)$$

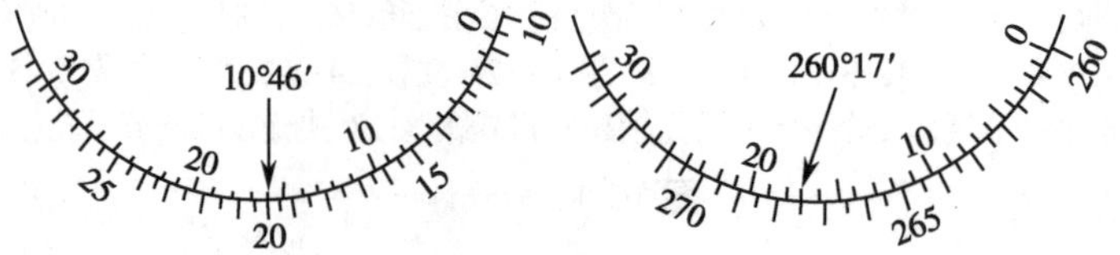

图 15-4 读数圆盘

【实验器材】

分光计、平面反射镜、照明装置、玻璃三棱镜。

【实验步骤】

分光计的调节重点在于以下三个步骤：使平行管发出平行光；望远镜接收平行光（即聚焦无穷远）；平行光管的光轴和望远镜的光轴与中心转轴垂直。调节前先目测估计，使各部件位置尽量合适，然后对各部分进行仔细调节。

1. 调节望远镜使其聚焦于无穷远。

（1）前后移动目镜，直至清晰地看见分划板上的十字刻线，在后面的实验过程中，不得变动目镜的调节手轮 11。

（2）接通电源，使光线通过目镜小窗，照亮绿色十字小窗。

（3）将一平面镜垂直放至载物台中央，使镜面的一侧边通过台下某一调平螺丝 C，如图 15-5 所示，另一侧边放至 AB 连线的中点处。先目测使镜面尽可能垂直于望远镜的光轴，然后调节载物台下的调平螺丝 C 及望远镜镜筒的倾角螺丝 12，使镜面中心与望远镜的光轴同高。松开游标盘止动螺丝 16，缓慢地转动平台，同时通过望远镜细心地寻找从平面镜反射回来的绿十字像，若找不到绿十字像，则说明平面镜的倾斜度不合适，此时可调节望远镜的倾角螺丝 12 和载物台下的调平螺丝 A 和 B，并左右移动望远镜，直到看到绿十字像为止。

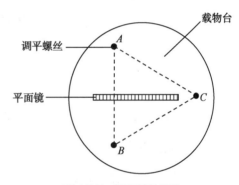

图 15-5　望远镜的聚焦

（4）松开望远镜锁紧螺丝 9，前后移动调节管 B，直到清晰地看到绿色十字像与分划板上的十字刻线无视差地重合，这时绿色十字刻线与物镜的焦平面重合，说明望远镜已聚焦于无穷远。

2. 调节望远镜的光轴使其垂直于分光计转轴。当望远镜聚焦于无穷远时，望远镜的轴未必垂直于仪器的转轴。调节时可用"渐近法"，即继续调节平台下的螺丝 A 和 B，使绿色十字像的中心逼近分划板十字刻线的水平线的一半，再调节望远镜的倾角螺丝 12 及平台下的螺丝 A 和 B，使绿色十字像与十字刻线重合，然后旋转载物台 180°，重复上述步骤直到两个反射面反射回来的绿十字像都与分划板上的十字刻线重合，这时望远镜的光轴与分光计的转轴就垂直，然后将望远镜的水平位置固定。

3. 调节平行光管使其发出平行光，且平行光管的光轴垂直于仪器的转轴。

（1）为使通过平行光管的光线成为平行光，应将平行光管的狭缝位于平行光管物镜的焦平面上。调节时，先取下平面镜，用钠光灯照亮狭缝，用已调好的望远镜作标准，使望远镜正对着平行光管，调节狭缝装置的锁紧螺丝 2，前后移动光管的套管，直到在望远镜中清晰地看到狭缝的像，这时表明狭缝已位于平行光管物镜的焦平面上，从平行光管发出的光束为平行光束，旋紧狭缝的锁紧螺丝 2，固定狭缝。

（2）欲使平行光管的光轴垂直于仪器的转轴，只要使平行光管的光轴与望远镜的光轴

两者平行(此时望远镜光轴已垂直于仪器的转轴)。调节狭缝至最窄,将狭缝转到水平位
置,调节平行光管的水平调节螺丝26,使望远镜中狭缝的像正好位于十字刻线的水平刻
线上,且被左右等分,再将狭缝转成竖直刻线上,且被上下等分,这时平行光管的光轴平行
于望远镜的光轴,也垂直于分光计的转轴,同时与望远镜等高、共轴。至此,分光计调节
完毕。

【注意事项】

1. 切勿用手触及分光计各光学器件的表面。
2. 在分光计调节的过程中,已调好的各部分装置要保持不变。

【思考题】

分光计的精密度是多少?

(石继飞)

二、用分光计测定棱镜的折射率

【实验目的】

1. 了解分光计的用途,进一步掌握分光计的调节方法。
2. 利用分光计测定棱镜的顶角、最小偏向角,计算棱镜折射率。

【实验原理】

当光从空气中射入折射率为 n 的介质时,在分界面处发生折射(图 15-6),入射角与折射
角之间遵从折射定律

$$n = \frac{\sin i}{\sin r} \qquad \text{式(15-1)}$$

当光线 P_1O_1 入射到三棱镜上,经三棱镜的两次
折射,出射光线为 O_2P_2。P_1O_1 与 O_2P_2 之间的夹角 δ
称为偏向角。当光线 O_1O_2 平行于三棱镜的底面
时,偏向角 δ 为最小,称为最小偏向角。当偏向角为

最小时有 $r = r'$,$i = i'$,$r = \frac{A}{2}$,从而有

图 15-6 光的折射

$$n = \frac{\sin \frac{\delta + A}{2}}{\sin \frac{A}{2}} \qquad \text{式(15-2)}$$

因此,在三棱镜的折射率测量中,只要测出三棱镜的顶角 A 和最小偏向角 δ,就可以计
算出三棱镜的折射率 n。

【实验器材】

分光计、玻璃三棱镜、单色光源(钠光灯或汞灯)、小照明灯。

【实验步骤】

1. 测量三棱镜的顶角

(1) 调节分光计：先调节分光计，使平行光管发出平行光，平行光管的光轴垂直于仪器的转轴。

(2) 调节三棱镜：将三棱镜 ABC（图 15-7）放在载物平台上，棱镜的三个边分别垂直平台下的三个螺丝 D_1、D_2、D_3 之间的连线。接通电源，照亮分划板，转动平台使 AB 面正对望远镜，调节 D_1、D_3 使由 AB 面与反射回来的绿十字像与分划板上十字刻线重合（注意：此时不能再调望远镜的倾角螺丝否则前功尽弃）。然后旋转平台使 AC 面正对望远镜，调节 D_2 使由 AC 面反射回来的绿十字像与分划板上的十字刻线重合。反复对 AB 面、AC 面调节几次直至由 AB 面、AC 面反射回来的绿十字像都和分划板上十字刻线重合为止。此时三棱镜的主截面与分光计的转轴垂直。

(3) 测顶角 A：将望远镜固定，转动平台使 AB 面正对望远镜，使由 AB 面反射回来的绿十字像与分划板上十字刻线重合，固定平台，同时记下刻度盘上两边游标的读数 θ_1、θ_2。再转动平台让 AC 面正对望远镜，使由 AC 面与反射回来的绿十字像与分划板上的十字刻线重合，固定平台记下刻度盘上两边游标的读数 θ_1'、θ_2'（注意：θ_1 和 θ_1'，θ_2 和 θ_2' 相对应）。由图 15-8 可知：

$$A = 180° - \varphi \text{，而} \varphi = \frac{1}{2}[(\theta_1' - \theta_1) + (\theta_2' - \theta_2)]$$

所以　　　　　　　　　$$A = 180° - \frac{1}{2}[(\theta_1' - \theta_1) + (\theta_2' - \theta_2)]$$　　　　　　　式(15-3)

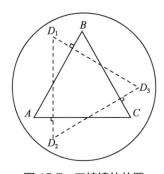

图 15-7　三棱镜的放置

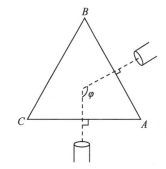

图 15-8　三棱镜位置的调节

(4) 将测量结果填入表 15-1 中，求出 A 的平均值。

表 15-1　测量数据

次数	θ_1	θ_2	θ_1'	θ_2'	φ	A
1						
2						
3						

2. 测三棱镜的最小偏向角

(1)接通单色光源,照亮平行光管的狭缝,转动平台,寻找单色光经棱镜折射后的狭缝的像。

(2)固定望远镜,松开平台,使棱镜随平台一起转动,此时谱线向一方移动。当平台的棱镜转至某一位置时,虽然棱镜继续向原方向转动,而谱线却停止移动,以后又向反方向移动。谱线停止移动的这一特定的位置便是最小偏向角的位置。在最小偏向角的位置处固定平台,仔细调节望远镜的水平调节螺丝,使谱线与分划板上的十字刻线的竖线重合,同时记录左、右游标上的读数 θ_1 和 θ_2。

(3)保持平台不动,取下三棱镜,转动望远镜,直接找到平行光管狭缝的像,使其与分划板上的十字刻线的竖线重合,记下游标上的读数 θ_1' 和 θ_2',则前后游标读数的差即为此单色光源谱线对三棱镜的最小偏向角

$$\delta = \frac{1}{2}[(\theta_1' - \theta_1) + (\theta_2' - \theta_2)] \qquad \text{式(15-4)}$$

(4)反方向旋转平台,重复步骤(2)和步骤(3),再次计算出最小偏向角。

(5)将上述测量结果填入表 15-2,并计算最小偏向角平均值。

(6)根据已测出的三棱镜的顶角 A 和最小偏向角 δ,按式(15-2)计算出三棱镜的折射率。数据记录表中并计算。

表 15-2　测量数据

旋向	θ_1	θ_2	θ_1'	θ_2'	δ
右旋					
左旋					

【注意事项】

1. 严禁用手触及三棱镜及分光计各光学器件的表面。
2. 光学器件用完后放入盒内,以免打碎。

【思考题】

1. 为什么要用单色光源测量最小偏向角?

2. 本实验中,转动平台到某一位置时,从望远镜中可观察到经三棱镜的出射光线会按原路折回,试问此时的偏向角是否为最小偏向角? 为什么?

(石继飞)

三、光波波长的测定

【实验目的】

1. 进一步掌握分光计的调节和使用。
2. 了解光栅的主要特性。
3. 学会用衍射光栅测光波波长。

【实验原理】

衍射光栅是由许多相互平行、等间距的狭缝组成的。两相邻狭缝中心距离 d 称为光栅常数。当光通过光栅时，通过同一狭缝的光产生衍射，而通过不同狭缝的衍射光彼此之间又产生干涉，在屏上呈现的衍射图样是衍射和干涉的总效果。光栅衍射所形成的明暗条纹的分布有一定规律，利用这种规律，可求出光波波长或光栅常数。当单色平行光垂直入射到光栅平面时，凡衍射角适合以下条件的光波将加强而产生明条纹。

$$d \sin \varphi = k\lambda \qquad k = 0, \pm 1, \pm 2, \pm 3 \cdots \qquad \text{式(15-5)}$$

式(15-5)中，d 为光栅常数，φ 为衍射角。与 k 对应的明条纹称第 k 级明纹，它们对称地分布在零级明纹的两侧。当 $k=0$、$\varphi=0$ 时，屏幕上对应的是中央零级明条纹。由式(15-5)可知，若已知光栅常数，则只要测出相应的 k 和 φ，就可求出入射光的波长。如果光源中包含几种不同的波长，则不同波长的光的同一级谱线将有不同的衍射角 φ，从而形成彩色光带，称为光谱。

本实验中，用钠光源照亮分光计平行光管的狭缝，钠光束通过平行光管后变为平行光，然后垂直照射到光栅上而产生衍射，通过望远镜可测得像的位置，如图 15-9 所示。

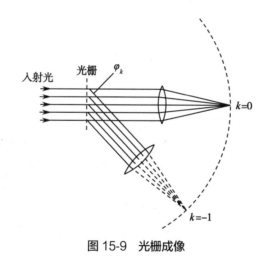

图 15-9　光栅成像

将望远镜旋转至零级谱线位置固定住，记下左右游标的读数 θ_0、θ_0'，再转动望远镜至左一级、左二级谱线的位置固定住，记下左右游标的读数 θ_{L_1}、θ_{L_1}' 和 θ_{L_2}、θ_{L_2}'，第三次转动望远镜至右一级、右二级谱线位置固定住，记下左右游标的读数 θ_{R_1}、θ_{R_1}' 和 θ_{R_2}、θ_{R_2}'，则可按下式计算 φ 角。

$$\varphi_{L_1} = \frac{1}{2}[(\theta_{L_1} - \theta_0) + (\theta_{L_1}' - \theta_0')] \qquad \varphi_{R_1} = \frac{1}{2}[(\theta_{R_1} - \theta_0) + (\theta_{R_1}' - \theta_0')]$$

$$\varphi_{L_2} = \frac{1}{2}[(\theta_{L_2} - \theta_0) + (\theta_{L_2}' - \theta_0')] \qquad \varphi_{R_2} = \frac{1}{2}[(\theta_{R_2} - \theta_0) + (\theta_{R_2}' - \theta_0')]$$

$$\overline{\varphi}_1 = \frac{1}{2}(\varphi_{L_1} + \varphi_{R_1}) \qquad \overline{\varphi}_2 = \frac{1}{2}(\theta_{L_2} + \theta_{R_2}) \qquad \text{式(15-6)}$$

故待测单色光的波长及绝对误差分别为：

$$\lambda = \frac{1}{2}(a+b)\left[\sin\overline{\varphi}_1 + \frac{1}{2}\sin\overline{\varphi}_2\right]$$

$$\Delta\lambda = \frac{1}{2}(a+b)\left[\cos\overline{\varphi}_1 \cdot \Delta\varphi_1 + \frac{1}{2}\cos\overline{\varphi}_2 \cdot \Delta\varphi_2\right]$$

（注意：计算 $\Delta\lambda$ 时，要将此公式中的 $\Delta\varphi_1$、$\Delta\varphi_2$ 转换为弧度。）

其中，$\Delta\varphi_1 = \frac{1}{4}(\Delta\theta_{L_1} + \Delta\theta'_{L_1} + \Delta\theta_{R_1} + \Delta\theta'_{R_1} + 2\Delta\theta_0 + 2\Delta\theta'_0)$

$$\Delta\varphi_2 = \frac{1}{4}(\Delta\theta_{L_2} + \Delta\theta'_{L_2} + \Delta\theta_{R_2} + \Delta\theta'_{R_2} + 2\Delta\theta_0 + 2\Delta\theta'_0)$$

实验结果表示为：$\lambda = \overline{\lambda} \pm \Delta\lambda$

若钠光的标准波长为 $\lambda = 589.3\text{nm}$，则所测波长的相对误差为

$$E_r = \left|\frac{\overline{\lambda} - \lambda_0}{\lambda_0}\right| \times 100\%$$

【实验器材】

分光计、衍射光栅、钠光灯、平面镜。

【实验步骤】

1. 按调节分光计的方法及要求调好分光计。

2. 开启钠光灯，并对准平行光管的狭缝，使狭缝的像与望远镜的十字叉丝的竖线重合，固定望远镜不动。

3. 将衍射光栅按图 15-5 所示放在载物台上，即光栅平面垂直于平分两螺丝的连线 AB。调节光栅平面与平行光管的光轴垂直。以光栅平面为反射面，用自准直法调节光栅平面与望远镜的光轴垂直，此时须注意望远镜已调好不能再动，所以只能调节平台下的螺丝 A、B 使得从望远镜中观察到的十字像（由光栅反射回来）与望远镜的十字叉丝重合（注意：此时衍射的零级像也与叉丝的竖线重合），然后固定载物台。

4. 调节光栅使其刻线与分光计的转轴平行。转动望远镜，观察衍射像的分布情况，在光栅法线两侧观察各级衍射光谱。中央为白亮线（$k=0$ 的狭缝像），其两旁各有两级紫、蓝、绿、黄（黄有两条且非常靠近）的谱线。固定载物平台，在整个测量过程中载物平台及其上面的光栅位置不可再变动。注意中央明纹两侧衍射像的高低是否一致，若不是，说明光栅刻线与分光计转轴不平行。因 A、B 两螺丝已调好，所以只能调节平台下螺丝 C，直至衍射像的高低基本一致，此时即可进行测量。

5. 测定衍射角 转动望远镜至中央零级明纹的位置，固定后记下左右游标读数 θ_0、θ'_0。转动望远镜至左一级、左二级像的位置，固定后记下左右游标的读数 θ_{L_1}、θ'_{L_1} 和 θ_{L_2}、θ'_{L_2}，再将望远镜转动至右一级、右二级像的位置，固定后记下左右游标的读数 θ_{R_1}、θ'_{R_1} 和 θ_{R_2}、θ'_{R_2}，重复上述步骤 3 次，将结果填入表 15-3 中。

6. 利用式（15-6）计算出一级像的衍射角 φ，代入式（15-5），计算出光波的波长，并求出平均值，写出实验结果。

表 15-3 测量数据

级次 $k=1$、2   光栅常数 $d=$_____cm

次数	中央零级		左一级		右一级		左二级		右二级	
	θ_0	θ_0'	θ_{L_1}	θ_{L_1}'	θ_{R_1}	θ_{R_1}'	θ_{L_2}	θ_{L_2}'	θ_{R_2}	θ_{R_2}'
1										
2										
3										

【注意事项】

1. 光栅是精密的光学元件,不允许用手或其他物体触及光栅表面。

2. 测量过程中,不要碰动光栅,否则将破坏入射光与光栅平面的垂直。

【思考题】

1. 在分光计的调节过程中,是怎样保证衍射角 φ 所在的平面与中心转轴垂直的?如果不是这样,将会对测量结果有何影响?说明原因。

2. 如果光栅平面和转轴平行,但刻痕和转轴不平行,那么整个光谱将有什么异常?对测量结果有无影响?

(石继飞)

四、用分光计观察原子光谱

【实验目的】

1. 观察原子光谱,了解光谱分析的基本原理。

2. 学会绘制分光计定标曲线,从定标曲线上测定未知元素的谱线的波长,确定该元素名称。

【实验原理】

复色光经三棱镜折射后可分解为单色光,这种现象称为色散。色散后的单色光依波长顺序排列而成的图谱即为光谱,如图 15-10 所示。光谱可分为发射光谱和吸收光谱。发射光谱是由发光体发出的光直接经过分光装置后得到的光谱。发射光谱可分为连续光谱、线状光谱和带状光谱三类。由灼热的固体或流体发出的光,包括从红到紫各种波长的色光,光谱是连续的彩带,且中间不间断,这样的光谱称为连续光谱。在通常气压下的灼热气体或蒸汽所发出的光谱,在黑暗的背景下,是一些不连续的、清晰的亮线,称这样的光谱为线状光谱(又称明线光谱或原子光谱)。一些化合物发光所形成的光谱,谱线密集成带,称这样的光谱为带状光谱(又称为分子光谱)。使白炽灯光通过蒸汽(或透明的流体、固体)层后就会在连续的光谱上出现若干暗线,称这样的光谱为原子的吸收光谱。光谱线的结构(包括各谱线的波长和宽度)完全取决于原子本身的结构特征。每一种元素都有自己特定的发射光谱和吸收光谱,并且同一种元素的发射光谱和吸收光谱的波长也完全一致,我们可以根据这一关系和光谱结构来判断物质的化学成分和含量,这是光谱分析法的基本原理。

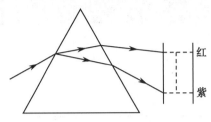

图 15-10   棱镜的色散

　　本实验所用的仪器是分光计。待测物体发出的光经平行光管后变成平行光,平行光经载物台上的三棱镜发生色散,从望远镜中便可观察到各级谱线。通过分光计的读数圆盘便可确定各级谱线的相对位置。波长一定的谱线在读数圆盘上都有确定的位置,且每种元素都有自己的特征谱线。因此,可利用某种已知元素(如氦)发出已知波长的各条谱线,通过测定它们在读数圆盘上相对位置,然后以读数圆盘的相对位置为横坐标、与它们相对应的谱线波长为纵坐标,在坐标纸上绘制出曲线,此曲线称为定标曲线。定标曲线就是在该实验条件下,波长与位置的函数关系。在保持相同的测量条件下(平行光管的狭缝至透镜的距离、望远镜的物镜至目镜的距离以及平行光管、读数圆盘、三棱镜的相对位置等),根据待测物质(未知元素)谱线在读数圆盘上的位置,可在定标曲线上查得相应的波长值,然后与附表中所列元素的谱线进行对比,从而判定该元素。

【实验器材】

分光计、玻璃三棱镜、白炽灯、气体放电管(He、H_2 等)、高压电源、铁支台等。

【实验步骤】

　　1. 按照分光计的调整步骤,调整好分光计。

　　2. 观察平行光管,调节光源与狭缝之间的距离,使望远镜中狭缝的像最明亮。

　　3. 将三棱镜放在载物台上,白炽灯泡置于平行光管的狭缝前,转动望远镜,观察连续光谱。

　　4. 测绘已知元素光谱的定标曲线。

　　(1)将 He 光谱管置于平行光管的狭缝前,接通高压电源,使 He 光谱管发光,转动望远镜,观察 He 光谱,调整狭缝宽度,使谱线更清晰。

　　(2)调节三棱镜,使其处于对该谱线系中某一波长为最小偏向角的位置。转动望远镜,使所测谱线分别与分划板上的十字刻线的竖直刻线重合,同时分别记录每条谱线左右游标盘上的读数。再将望远镜逆向转动,按上述步骤,再次记录每条谱线左右游标盘上的读数,取两次读数的平均值为某一谱线位置的读数,将所测得的偏转角记录在表15-4 中。

表 15-4　氦光谱谱线在刻度盘上的位置

位置	波长 /nm							
	706.5	667.8	587.6	504.8	501.6	492.2	471.3	447.1
$\theta_{左}$								
$\theta_{右}$								
$\theta_{平均}$								

5. 以氦原子光谱的每条谱线的波长为纵坐标、偏转角为横坐标,做出氦原子光谱的定标曲线。

6. 换上待测元素的光谱管(本实验为氢光谱管),保持分光计的调节状态,观察氢原子在可见光范围内的四条谱线 H_{α}、H_{β}、H_{γ}、H_{δ},用步骤 4 中同样方法测偏转角,并在氦原子光谱的定标曲线上,找出各偏转角所对应的谱线波长。将结果填入表 15-5 中并数据处理。

表 15-5　氢光谱谱线在刻度盘上的位置

位置	谱线			
	H_{α}	H_{β}	H_{γ}	H_{δ}
$\theta_{左}$				
$\theta_{右}$				
$\theta_{平均}$				
波长 λ /nm				

7. 利用巴尔麦公式 $\dfrac{1}{\lambda}=R\left(\dfrac{1}{2^2}-\dfrac{1}{n^2}\right)$,分别计算 H_{α}、H_{β}、H_{γ}、H_{δ} 四条谱线的里德堡常数,然后求其平均值。式中 R 为里德堡常数,n 为从 3 开始的正整数。对应于 H_{α}、H_{β}、H_{γ}、H_{δ},n 分别为 3、4、5、6。波长是在氢原子光谱的定标曲线上查得的(参见表 15-6,一般为该线系的中间部分的波长)。

表 15-6　几种元素光谱线的波长　　　　　　　　　　单位:nm

元素	波长	颜色	元素	波长	颜色	元素	波长	颜色
He	706.5	红 1	Hg	412.4	红	H_2	656.3	红
	667.8	红 2		579.1	黄 1		486.1	绿
	587.6	黄		577.0	黄 2		432.0	紫 1
	504.8	绿 1		546.1	绿		410.2	紫 2
	501.6	绿 2		591.6	蓝			
	492.2	蓝绿		435.8	紫 1	Na	589.0	黄 1
	471.3	蓝		404.7	紫 2		589.6	黄 2
	447.1	紫 1		365.0	紫 3			

【注意事项】

1. 在更换光谱管过程中,一定要断开高压电源。
2. 在本实验中,必须保持前后的实验条件不变,三棱镜在平台上的位置不得变动。

【思考题】

不同实验组的定标曲线是否可以交换使用? 为什么?

(石继飞)

实验十六　普朗克常量的测定

【实验目的】

1. 加深对光的量子性的理解,了解光电效应的规律。
2. 验证爱因斯坦光电效应方程,并测定普朗克常量 h。
3. 学会使用作图法处理数据。

【实验原理】

当光照在物体上时,光的能量仅部分以热的形式被物体吸收,而另一部分则转化为物体中某些电子的能量,使电子逸出物体表面,这种现象称为光电效应,逸出的电子称为光电子。在光电效应中,光显示出它的粒子性质,所以这种现象对认识光的本性,具有极其重要的意义。

1905 年,爱因斯坦发展了辐射能量 E 以 $h\nu$(ν 是光的频率)为不连续的最小单位的量子化思想,成功地解释了光电效应实验中遇到的问题。1916 年,密立根用光电效应法测量了普朗克常量 h,确定了光量子能量方程式的成立。当前,光电效应已经广泛地运用于现代科学技术的各个领域,利用光电效应制成的光电器件已成为光电自动控制、电报以及微弱光信号检测等技术中不可缺少的器件。

光电效应实验原理如图 16-1 所示,其中 S 为真空光电管,K 为阴极,A 为阳极,阳极与阴极断路。当无光照射阴极时,检流计 G 中无电流流过;当用一波长比较短的单色光照射阴极 K 时,形成光电流。光电流随加速电压 U 变化的伏安特性曲线,如图 16-2 所示。

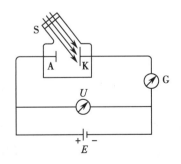

图 16-1　光电效应实验原理图

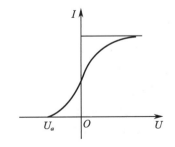

图 16-2　光电管的伏安特性曲线

1. 电流与入射光强度的关系   光电流随加速电压 U 的增加而增加,加速电压增加到一定量值后,光电流达到饱和值 I_H,饱和电流与光强成正比,而与入射光的频率无关。当 $U = U_A - U_K$ 为负值时,光电流迅速减小。实验发现,存在一个遏止电压 U_a,当电压达到这个值时,光电流为零。

2. 光电子的初动能与入射光频率之的关系   光电子从阴极逸出时,具有一定初动能,在减速电压下,光电子逆着电场力方向由阴极 K 向阳极 A 运动,当 $U = U_a$ 时,光电子不再能达到阳极 A,光电流为零,所以电子的初动能等于它克服电场力所做的功,即

$$\frac{1}{2}mv^2 = eU_a \qquad\qquad 式(16\text{-}1)$$

根据爱因斯坦关于光的本性的假设,光是一粒一粒运动着的粒子流,这些光粒子称为光子,每一光子的能量为 $E = h\nu$,其中 h 为普朗克常量,ν 为光波的频率,所以不同频率的光波对应光子的能量不同,光电子吸收了光子的能量 $h\nu$ 之后,一部分消耗于克服电子的逸出功 A,另一部分转换为电子动能,由能量守恒定律可知

$$h\nu = \frac{1}{2}mv^2 + A \qquad\qquad 式(16\text{-}2)$$

式(16-2)称为爱因斯坦光电效应方程。

由此可见,光电子的初动能与入射光频率 ν 呈线性关系,而与入射光的强度无关。

3. 光电效应有光电阈存在   实验指出,当光的频率 $\nu < \nu_0$ 时,不论用多强的光照射到物质都不会产生光电效应,根据式(16-2),$\nu_0 = \dfrac{A}{h}$,ν_0 称为红限。

爱因斯坦光电效应方程同时提供了测定普朗克常量的一种方法:由式(16-1)和式(16-2)可得:$h\nu = e|U_0| + A$,当用不同频率 $(\nu_1, \nu_2, \nu_3 \cdots, \nu_n)$ 的单色光分别做光源时,就有

$$h\nu_1 = e|U_1| + A$$

$$h\nu_2 = e|U_2| + A$$

$$\cdots\cdots\cdots\cdots$$

$$h\nu_n = e|U_n| + A$$

联立上面任意两个方程即可得到

$$h = \frac{e(U_i - U_j)}{\nu_i - \nu_j} \qquad\qquad 式(16\text{-}3)$$

由此,若测定了两个不同频率的单色光所对应的遏止电压即可算出普朗克常量 h,也可由 $U - \nu$ 直线的斜率求出 h。

因此,用光电效应方法测量普朗克常量的关键在于获得单色光,测量光电管的伏安特性曲线和确定遏止电压值。

实验中,单色光可由汞灯光源经过滤光片选择谱线产生。汞灯是一种气体放电光源,可在可见光区域内发出几条波长相差较远的强谱线,如表16-1所示,与滤光片联合作用后可产生需要的单色光。

表 16-1　可见光区汞灯强谱线

波长 /nm	频率 /10^{14}Hz	颜色
579.0	5.179	黄
577.0	5.196	黄
546.1	5.490	绿
435.8	6.879	蓝
404.7	7.408	紫
365.0	8.214	近紫外

　　为了获得准确的遏止电压值,本实验用的光电管应该具备下列条件:①对所有可见光谱都比较灵敏;②阳极包围阴极,这样当阳极为负电位时,大部分光电子仍能射到阳极;③阳极没有光电效应,不会产生反向电流;④暗电流很小。

　　实际使用的真空型光电管并不完全满足以上条件,由于存在阳极光电效应所引起的反向电流和暗电流(即无光照射时的电流),所以测得的电流值,实际上包括上述两种电流和由阴极光电效应所产生的正向电流三个部分,所以伏安曲线并不与 U 轴相切,由于暗电流是由阴极的热电子发射及光电管管壳漏电等原因产生,与阴极正向光电流相比,其值很小,且基本上随电压 U 呈线性变化,因此可忽略其对遏止电压的影响。阳极反向光电流虽然在实验中较显著,但它服从一定规律,据此,确定遏止电压值,可采用以下两种方法。

　　(1)交点法:光电管阳极用逸出功较大的材料制作,制作过程中尽量防止阴极材料蒸发,实验前对光电管阳极通电,减少其上溅射的阴极材料,实验中避免入射光直接照射到阳极上,这样可使它的反向电流大大减少,其伏安特性曲线与图 16-3 十分接近,因此曲线与 U 轴交点的电压值近似等于遏止电压 U_a,此即交点法。

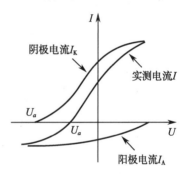

图 16-3　存在反向电流的光电管伏安特性曲线

　　(2)拐点法:光电管阳极反向光电流虽然较大,但在结构设计上,若使反向光电流能较快地饱和,则伏安特性曲线在反向电流进入饱和段后有着明显拐点,如图 16-4 所示,此拐点电压即为遏止电压。

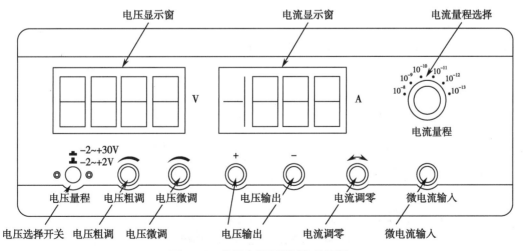

图 16-4　普朗克常量测试仪前面板

【实验器材】

普朗克常量测试仪(前后面板分别如图 16-4 和图 16-5)。装置介绍:

普朗克常量测试仪整体结构如图 16-6 所示。

1. 光源   用高压汞灯做光源,配以专用镇流器,光谱范围为 320.3~872.0nm,可用谱线为 365.0nm、404.7nm、435.8nm、546.1nm、577.0nm,共五条强线谱线。

2. 滤光片   滤光片的主要指标是半宽度和透过率。透过某种谱线的滤光片不允许其附近的谱线透过(通过不同谱线的滤色片的组合,使测量某一谱线时无其他谱线干扰,避免了谱线相互干扰带来的测量误差)。高压汞灯发出的可见光中,强度较大的谱线有 5 条,仪器配以相应的 5 种滤光片。

3. 光电管暗盒   采用测普朗克常量专用光电管,由于采用了特殊结构,使光不能直接照射到阳极,由阴极反射照到阳极的光也很少,加上采用新型的阴、阳极材料及制造工艺,使得阳极反向电流大大降低,暗电流也很低。

4. 微电流测量仪   在微电流测量中采用了高精度集成电路构成电流放大器,对测量回路而言,放大器近似于理想电流表,对测量回路无影响,使测量仪具有高灵敏度(电流测量范围 10^{-13}~10^{-6}A)高稳定性(零漂小于满刻度的 0.2%),从而使测量精度、准确度大大提高。测量结果由 $3\frac{1}{2}$ 位 LED 显示。

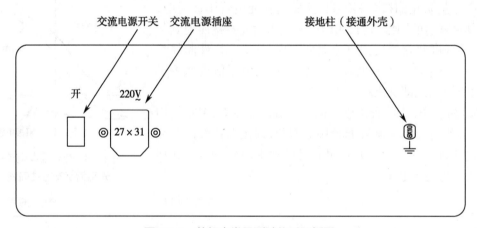

图 16-5   普朗克常量测试仪后面板图

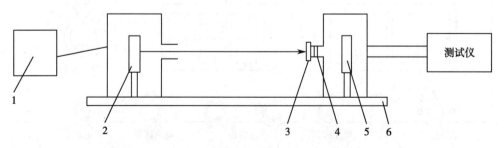

1. 汞灯电源;2. 汞灯;3. 滤光片;4. 光阑;5. 光电管;6. 基准平台。

图 16-6   普朗克常量测试仪整体结构图

5. 光电管工作电源　仪器提供两组光电管工作电源（–2~+2V，–2~+30V），连续可调，精度为 0.1%，最小分辨率为 0.01V，电压值由 4 位 LED 数显。

【实验步骤】

1. 测试前准备　将测试仪及汞灯电源接通，预热 20 分钟左右。

把汞灯及光电管暗箱遮光盖盖上，将汞灯暗箱光输出口对准光电管暗箱光输入口，调整光电管与汞灯距离为约 40cm 并保持不变。如需调整距离或角度，可以调松光电管暗箱底面的手拧螺钉，调整后再拧紧手拧螺钉。

用专用连接线将光电管暗箱电压输入端与测试仪电压输出端（后面板上）连接起来（红 - 红，蓝 - 蓝）。将"电流量程"选择开关置于所选档位，仪器在充分预热后，进行测试前调零，旋转"调零"旋钮使电流指示为 0。

用高频屏蔽电缆将光电管暗箱电流输出端 K 与测试仪的微电流输入端（后面板上）连接起来。

2. 测光电管的伏安特性曲线　将电压选择按键置于 –2~+30V，根据光电流的大小；将"电流量程"选择开关置于 10^{-10}A 或 10^{-11}A 档；将直径 2mm 的光阑及 435.8nm 的滤色片装在光电管暗箱光输入口上。

（1）从低到高调节电压，记录电流从零到非零点所对应的电压值作为第一组数据，以后电压每变化一定值记录一组数据到表 16-2 中。

注意：由于光电流会随光源、环境光以及时间的变化而变化，测量光电流时，选定 U_{AK} 后，应取光电流读数的平均值。

（2）在 U_{AK} 为 30V 时，根据光电流的大小，将"电流量程"选择开关置于 10^{-10}A 或 10^{-11}A 档，记录光阑分别为 2mm、4mm、8mm 时对应的电流值于表 16-3 中。

换上直径 4mm 的光阑及 546.1nm 的滤色片，重复（1）、（2）测量步骤。

用表 16-2 数据在坐标纸上作对应于以上两种波长及光强的伏安特性曲线。由于照到光电管上的光强与光阑面积成正比，用表 16-3 数据验证光电管的饱和光电流与入射光强成正比。

表 16-2　I—U_{AK} 关系

435.8nm	U_{AK}/V	
光阑 2nm	I/($\times 10^{-11}$A)	
546.1nm	U_{AK}/V	
光阑 4nm	I/($\times 10^{-11}$A)	

表 16-3　I_M—P 关系　　　　U_{AK}=＿＿V

435.8nm	光阑孔 Φ	
	I/($\times 10^{-10}$A)	
546.1nm	光阑孔 Φ	
	I/($\times 10^{-10}$A)	

3. 理论上，测量普朗克常量 h 时，测出各频率的光照射下阴极电流为零时对应的 U_{AK}，

其绝对值即该频率的截止电压。然而实际上由于光电管的阳极反向电流、暗电流、本底电流及极间接触电压的影响，实测电流并非阴极电流，实测电流为零时对应的 U_{AK} 也并非截止电压。

光电管制作过程中阳极往往被污染，沾上少许阴极材料、入射光照射阳极或入射光从阴极反射到阳极之后都会造成阳极光电子发射，U_{AK} 为负值时，阳极发射的电子向阴极迁移构成了阳极反向电流。

暗电流和本底电流是热激发产生的光电流与杂散光照射光电管产生的光电流，可以在光电管制作或测量过程中采取适当措施以减少或消除它们的影响。

极间接触电压与入射光频率无关，只影响 U_0 的准确性，不影响 $U_0-\nu$ 直线斜率，对测定 h 无影响。

此外，由于截止电压是光电流为零时对应的电压，若电流放大器灵敏度不够，或稳定性不好，都会给测量带来较大误差。

由于光电管特殊结构使光不能直接照射到阳极，由阴极反射照到阳极的光也很少，加上采用新型的阴、阳极材料及制造工艺，使得阳极反向电流大大减小，暗电流也很小。

由于仪器的特点，在测量各谱线的截止电压 U_0 时，可不用难于操作的"拐点法"，而用"零电流法"或"补偿法"。

零电流法是直接将各谱线照射下测得的电流为零时对应的电压 U_{AK} 的绝对值作为截止电压 U_0。此法的前提是阳极反向电流，暗电流和本底电流都很小，用零电流法测得的截止电压与真实值相差很小，且各谱线的截止电压都相差 U，对 $U_0-\nu$ 曲线的斜率无大影响，因此对 h 的测量不会产生大的影响。

补偿法是调节电压 U_{AK} 使电流为零后，保持 U_{AK} 不变，遮挡汞灯光源，此时测得的电流 I_1 为电压接近截止电压时的暗电流和本底电流。重新让汞灯照射光电管，调节电压 U_{AK} 使电流值至 I_1，将此时对应电压 U_{AK} 的绝对值作为截止电压 U_0。此法可补偿暗电流和本底电流对测量结果的影响。

测量：将选择按键置于 –2~+2V 档；将"电流量程"选择开关置于 10^{-12}A 档，将测试仪电流输入电缆断开，调零后重新接上；将直径 4mm 的光阑及 365.0nm 的滤色片装在光电管暗箱光输入口上。

从低到高调节电压，用"零电流法"或"补偿法"测量该波长对应的 U_0，并将数据记于表 16-4 中。

依次换上 404.7nm、435.8nm、546.1nm、577.0nm 的滤色片，重复以上测量步骤。

表 16-4 $U_0-\nu$ 关系   光阑孔 $\Phi = $ ___ mm

波长 λ/nm	365.0	404.7	435.8	546.1	577.0
频率 ν/($\times 10^{14}$Hz)	8.216	7.410	6.882	5.492	5.196
截止电压 U_0/V					

数据处理：可用以下三种方法之一处理表 16-4 的实验数据，得出 $U_0-\nu$ 直线的斜率 k。
(1)根据线性回归理论，$U_0-\nu$ 直线的斜率 k 的最佳拟合值为：

$$k = \frac{\overline{\nu \cdot U_0} - \overline{\nu} \cdot \overline{U_0}}{\overline{\nu^2} - \overline{\nu}^2}$$

式(16-4)

其中, $\bar{v}=\dfrac{1}{n}\sum\limits_{i=1}^{n}v_i$ 表示频率 v 的平均值; $\overline{v^2}=\dfrac{1}{n}\sum\limits_{i=1}^{n}v_i^{2}$ 表示频率 v 的平方的平均值; $\overline{U_0}=\dfrac{1}{n}\sum\limits_{i=1}^{n}U_{01}$ 表

示截止电压 U_0 的平均值; $\overline{v\cdot U_0}=\dfrac{1}{n}\sum\limits_{i=1}^{n}v_i\cdot U_{01}$ 表示频率 v 与截止电压 U_0 的乘积的平均值。

（2）根据 $k=\dfrac{\Delta U_0}{\Delta v}=\dfrac{U_{0i}-U_{0j}}{v_i-v_j}$,可用逐差法从表 16-4 后四组数据中求出两个 k ,将其平均

值作为所求 k 的数值。

（3）可用表 16-4 数据在坐标纸上作 U_0 — v 直线,由图求出直线斜率 k 。求出直线斜率 k

后,可用 $h=ek$ 求出普朗克常量,并与 h 的标准值 h_0 比较求出相对误差: $\delta=\dfrac{h-h_0}{h_0}$,式中

$e=1.602\times10^{-19}\mathrm{C}$, $h_0=6.626\times10^{-34}\mathrm{J\cdot S}$ 。

【注意事项】

1. 汞灯关闭后,不要立即开启电源。必须等灯丝冷却后再开启,否则会影响汞灯寿命。
2. 光电管应保持清洁,避免用手摸,而且应放置在遮光罩内,不用时禁止用光照射。
3. 滤光片要保持清洁,禁止用手摸光学面。
4. 在光电管不使用时,要断掉施加在光电管阳极与阴极间的电压,保护光电管,防止意外的光线照射。

【思考题】

1. 光电子的初动能、入射频率、光电效应的光电阈以及普朗克常量之间存在怎样的关系?
2. 试说明和比较"零点法"和"补偿法"的特点。

（杨海波）

第二部分

应用实验

实验十七　空气中声速的测量

一、利用多普勒效应测量声速

【实验目的】

1. 掌握多普勒效应原理,加深对多普勒效应的理解。
2. 学会用多普勒效应测量空气中的声速。

【实验原理】

由于波源与接收器之间相对运动,使接收器接收到的声波频率与波源发出的真实声波频率不同,此现象由奥地利物理学家多普勒(C. Doppler)在 1842 年首次发现,因而称为多普勒效应。设波源发出声波频率为 ν,接收器接收声波频率为 ν',声波相对介质传播速度为 u,波源和接收器相对于介质运动速度分别为 v_s、v_o。根据多普勒效应公式有

$$\nu' = \frac{u \pm v_o}{u \mp v_s}\nu \qquad\qquad 式(17\text{-}1)$$

式(17-1)中,接收器向着(远离)波源运动时,v_o 取正(负)号;波源向着(远离)接收器运动时,v_s 取负(正)号。

实验中,考虑波源固定不动的情况,则 $v_s = 0$,所以

$$\nu' = \frac{u \pm v_o}{u}\nu = \left(1 \pm \frac{v_o}{u}\right)\nu \qquad\qquad 式(17\text{-}2)$$

由此可得

$$u = \frac{\nu}{\Delta\nu}v_o \qquad\qquad 式(17\text{-}3)$$

其中

$$\Delta\nu = \frac{|\nu'_{正} - \nu| + |\nu'_{反} - \nu|}{2} \qquad\qquad 式(17\text{-}4)$$

式(17-4)中,$\nu'_{正}$、$\nu'_{反}$ 分别表示接收器正向(远离波源)运动和反向(向着波源)运动时,接收器接收到的声波频率。

【实验器材】

多普勒测试仪、多普勒测试架、示波器。

多普勒测试架(图 17-1)：发射换能器"1"是波源，接收换能器"2"是接收器。波源和接收器的运动都在同一条直线上。

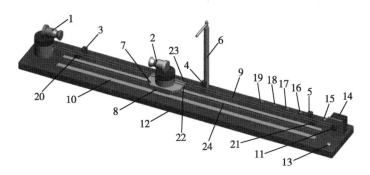

1. 发射换能器；2. 接收换能器；3. 左限位保护光电门；4. 测速光电门；5. 右限位保护光电门；6. 接收线支撑杆；7. 小车；8. 游标；9. 同步带；10. 标尺；11. 滚花帽；12. 底座；13. 复位开关；14. 步进电机；15. 电机开关；16. 电机控制；17. 限位；18. 光电门Ⅰ；19. 光电门Ⅱ；20. 左行程开关；21. 右行程开关；22. 行程撞块；23. 挡光板；24. 运动导轨。

图 17-1　多普勒测试架

【实验步骤】

1. 调谐振频率　改变多普勒效应测试仪控制面板的频率调节按钮，增大或者减小频率，同时观察示波器屏幕上输入和输出叠加的波形，直到波的振幅达到最大值，此时的频率就是谐振频率。

2. 调节多普勒效应测试仪控制面板的"set"键，改变接收器的运动速度，使接收器的速度由 0.02m/s 开始均匀增加，增加的幅值可以是 0.03m/s，直到增加到大约 0.3m/s。注意速度如果太快，容易看不清数据。

3. 设置好速度后，使接收器正向和反向分别运动一次；用"Run/Stop"键控制接收器的运动和停止，"Dir"键改变接收器的运动方向，注意接收器在运动过程中只能从一个方向走到另一个方向，中途不能返回；同时记录接收器的运动速度 v_o，波源发射声波频率 v，接收器接收声波频率 $v'_\text{正}$、$v'_\text{反}$。

4. 将测量数据记录到表 17-1 中，并计算 Δv，利用公式 $u = \dfrac{v}{\Delta v} v_\text{o}$ 计算声速，最后取平均值，得到声速最终值。

表 17-1　多普勒效应测量声速数据表

序号	v_o/(m/s)	v/Hz	$v'_\text{正}$/Hz	$v'_\text{反}$/Hz	Δv/Hz	u/(m/s)
1						
2						
3						
4						
5						

【注意事项】

1. 调好谐振频率后,再开始实验数据的测量。
2. 接收器在运动过程中只能从一个方向走到另一个方向,中途不能返回。
3. 多次测量取平均值,能够减小实验的偶然误差。

【思考题】

1. 为什么实验中的 $\Delta\nu$ 要由接收器正、反两次运动获得?
2. 请列举生活中多普勒效应的应用实例。

(万永刚)

二、用声速测定仪测量超声声速

【实验目的】

1. 掌握通过测量机械波波长求得波的传播速度的基本原理。
2. 了解超声波的产生、检测及驻波的形成原理。
3. 学会分别用驻波法和比较相位法测定超声波的声速。

【实验原理】

机械振动在弹性介质中的传播形成机械波。波在介质中的传播速度 u 完全由介质的物理性质所决定。它和波长 λ 及波源的频率 ν 有如下关系。

$$u = \lambda\nu \tag{式(17-5)}$$

本实验分别采用驻波法和相位比较法测量超声波在空气中的传播速度。

1. 驻波的形成及测定超声波的声速(驻波法)   一列波以某一频率在介质中沿一直线传播时,若遇到障碍,就在其界面处以相同的频率、振幅和振动方向沿同一直线反射回来,当满足一定条件时,两列波叠加而成驻波,其波动方程满足

$$y = 2A\cos 2\pi\frac{x}{\lambda}\cos 2\pi\nu t \tag{式(17-6)}$$

从式(17-6)中可以看出,当形成的驻波时,各点都在做振幅为 $\left|2A\cos 2\pi\dfrac{x}{\lambda}\right|$、频率为 ν 的简谐振动。可见,各点振幅是随着离原点的距离 x 的不同而变化。其中某些点,如 $x = k\dfrac{\lambda}{2}$ (k=0, ±1, ±2, ……)的合振动始终加强,其振幅为 $2A$,这些点的位置称为波腹;而另一些点,如 $x = (2k+1)\dfrac{\lambda}{4}$ (k=0, ±1, ±2, ……)的合振幅为零,这些点的位置称为波节。相邻两波节或两波腹间的距离为半个波长。

波在发生反射的界面处形成波节还是波腹,取决于两种介质的密度。如果波由波疏介质向波密介质传播时,则在界面处反射波相对入射波产生 π 相位的突变,因此在界面处形成波节,反之形成波腹。可见,形成驻波的条件是发射面和反射面之间的距离必须为半个波长

的整数倍。

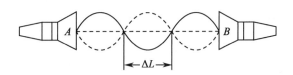

图 17-2　驻波的形成

要在空气中形成驻波,可按图 17-2 所示的基本装置进行操作。其中 A、B 是压电换能系统。把 A 作为平面声波发生器,B 作为反射界面和接收器,A、B 两系统的端面相向且严格平行,当 A、B 两端面间的距离 $L = n\lambda/2$ ($n = 1,2,3,\cdots$) 时,系统 A 所产生的平面声波和 B 的端面发生的反射声波相互叠加,在系统 A、B 两端面间形成驻波,A、B 处为波节。若两端面间的距离 $L \neq n\lambda/2$,不能形成驻波。

在驻波中,波腹处的声压幅值(气体因声波传播而产生的附加压强)最小,波节处声压幅值最大。故可从 B 端面处声压幅值的变化来判断驻波是否形成。当系统 A、B 两端面间的距离为 $L = n\lambda/2$ ($n = 1,2,3,\cdots$) 时 B 端面处的声压幅值最大,此时系统 A、B 两端面间形成驻波。增大 AB 两端的距离,使 B 端面处的声压幅值减小,直到系统 A、B 两端面间的距离增大到 $L' = (n+1)\lambda/2$ 时 B 端面处的声压幅值又达到最大,此时 A、B 两端面间又形成驻波。从上面两式可得

$$\lambda = 2(L' - L) = 2\Delta L$$

可见,只要精确地测出形成驻波时不同的 L 值,算出 ΔL 的平均值,即可得到波长 λ。从而由式(17-5)计算出声速 u。

2. 通过比较相位测定超声波的声速(比较相位法)　首先介绍一下李萨如图形的形成。设有一个质点同时参与两个同频率、同振幅的互相垂直的简谐振动,它们的振动方程分别为

$$x = A\cos(\omega t + \varphi_1) \text{ , } y = A\cos(\omega t + \varphi_2)$$

整合两式消去 t,得

$$x^2 + y^2 - 2xy\cos(\varphi_2 - \varphi_1) = A^2\sin^2(\varphi_2 - \varphi_1) \qquad \text{式(17-7)}$$

这就是合振动的轨迹方程,通过仪器可观察到的这个轨迹图形即为李萨如图形。

(1) 如果两个简谐振动的初相位相同 $(\varphi_2 - \varphi_1 = 0)$,则式(17-7)为

$$x^2 + y^2 - 2xy = 0 \quad \text{即} \quad y = x$$

合振动的轨迹是一条斜率为 1 的直线,质点就在这条直线上来回做简谐振动,如图 17-3(a)所示。简谐振动方程为 $S = \sqrt{2}A\cos(\omega t + \varphi)$。

(2) 当两振动的相位差为 $\pi/2$ 或 $3\pi/2$ 时,式(17-7)化为

$$x^2 + y^2 = A^2$$

这时合振动的轨迹是一个半径为 A 的圆,如图 17-3(c)、(g)所示。

(3) 当两振动的相位差 $\varphi_2 - \varphi_1 = \pi$ 时,式(17-7)化为

$$x^2 + y^2 + 2xy = 0 \quad \text{即} \quad y = -x$$

合振动的轨迹为一条斜率为 -1 的直线,它的振幅也是 $\sqrt{2}A$,如图 17-3(e)所示。

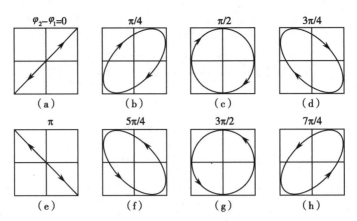

图 17-3 两个同振幅、同频率且互相垂直的简谐振动合成

(4) 当相位差是其他角度时,合振动的轨迹为椭圆,如图 17-3(b)、(d)、(f)、(h)所示。

如果在图 17-2 中,发射器 A 与接收器 B 的距离为 $L=n\lambda/2(n=1,2,3,\cdots)$ 时,发射器 A 处的电信号与接收器 B 处的电信号同一时间振动的相位差一定是 0 或 π。如果使两信号在垂直方向上叠加,其合振动信号轨迹应该是一条直线,如图 17-3(a)和(e)所示。

实验过程中通过改变距离 L,利用双踪示波器的叠加功能观察李萨如图形,便可知 A、B 间振动相位差的变化。例如,当李萨如图形从图 17-3(a)变化到 17-3(e)时,相位差改变 π,说明相应 L 改变半个波长,由此可求出波长 λ,再由式(17-5)求出声速 u。

【实验器材】

超声声速测定仪、信号发生器、示波器、毫伏表(可选)和温度计。

超声声速测定仪介绍:超声声速测定仪由压电换能系统 A 和 B、游标尺、固定支架等部件组成,如图 17-4 所示。压电换能系统是将声波(机械振动)和电信号进行相互转换的装置,它的主要部件是压电换能片。当输入一个电信号时,压电换能系统 A 按电信号的频率做机械振动,成为声源,进而带动空气分子振动产生平面声波。当压电换能系统 B 接收到机械振动时又会将机械振动转换为电信号。压电换能系统 A 作为平面声波发生器,固定于支架上,电信号由信号发生器输入。压电换能系统 B 作为声波信号的接收器和反射面,固定于游标尺的游标上,系统 A 和 B 之间的相对位置可直接读出,压电换能系统 B 转换的电信号由毫伏表指示或利用示波器观察。为了在系统 A、B 端面间形成驻波,两端面必须严格平行。

支架的结构采取了减震措施,能有效地隔离两系统间通过支架而产生的机械振动耦合,从而避免了由于声波在支架中传播而引起的测量误差。

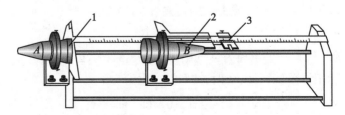

1. 压电换能系统发生端 A;2. 压电换能系统接收端 B;3. 游标尺。

图 17-4 超声声速测定仪

【实验步骤】

（一）驻波法

1. 按图 17-5 所示的实线部分连接各仪器。将压电换能系统 A 的输入端与信号发生器的输出端连接，将示波器（或毫伏表）的输入端接在压电换能系统 B 的输出端上。根据需要适当调节示波器。

2. 调节超声声速测定仪上的微调螺旋，使两换能器端面靠近，并保持一定距离以避免接触。

3. 按换能器谐振频率值（换能器出厂时已设定，在此实验中作为已知条件）确定信号发生器的频率大小，选择正弦波形输出，调节输出信号电压幅值使其大小适中。

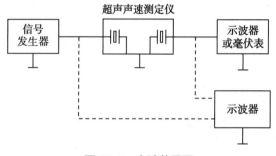

图 17-5　实验装置图

4. 接通示波器电源，调节辉度使光亮度适中，调节聚焦使光斑小而清晰，调整扫描范围和扫描微调旋钮，使荧光屏上显示的波形稳定，调整 Y 轴增益旋钮，使波形的大小适中。

5. 极缓慢地调节超声声速测定仪上的微调螺旋，使压电换能系统 B 缓慢地离开压电换能系统 A，同时观察示波器上波形幅度的变化，每当出现波形幅度最大值时，读出压电换能系统 B 的位置（即波节处）读数，并作好记录。相邻位置读数差值就是待测超声波波长的一半。可以不间断的连续测量 10 个数据，填入数据记录表 17-2 中。以上现象也可通过毫伏表来替代示波器观察。

（二）比较相位法

1. 将压电换能系统 B 与示波器 Y 轴输入端相连接，信号发生器的输出端同时连接压电换能系统 A 和示波器的 X 轴输入端（如图 17-5 虚线部分所示）。

2. 接通示波器电源，适当调节 X、Y 轴增益旋钮，同时调节微调螺旋改变压电换能系统 B 的位置，使示波器荧光屏上出现正圆形李萨如图形，表明此时两信号相位差为 $\pi/2$ 或 $3\pi/2$。

3. 连续调节微调旋钮移动系统 B，两个分振动的相位差将随系统 B 的移动而连续地变化，合振动轨迹将按图 17-3 所示的顺序变化，依次循环。调节并观察这一现象。

4. 调节压电换能系统 B 的位置并适当调节示波器上的 X、Y 轴增益旋钮，直至李萨如图形为一条直线，说明此时连接 A 和 B 两处信号的相位差为 0 或 π。继续缓慢移动系统 B 以及调节示波器上的 Y 轴增益旋钮（考虑到随 AB 间距离的增加，Y 轴上信号会逐渐衰减），直到再出现与第一次倾角近似垂直的一条直线，说明系统 B 移动了半个波长的距离。按上述每移动半个波长记录一次系统 B 的位置读数。可连续记录 10 个读数,填入表 17-2 的数据记录表中。

用逐差法处理上述两种实验方法测得的位置读数,分别计算出超声波波长的平均值从而由式(17-5)求得其在空气中的声速 $u_{实}$。

声波在弹性介质中传播的速度,不仅与介质的物理性质密切相关,而且还与温度有关系。读取温度计,记录室温。表 17-3 中给出不同温度下干燥空气中的声速。本实验可以用上述测得的 $u_{实}$ 与表 17-3 中相应声速数据 $u_{理}$ 进行比较,计算出相对误差值。

表 17-2 数据记录表

$v = $ _____ kHz $T = $ _____ ℃ $u_{理} = $ _____ m/s

	1	2	3	4	5	6	7	8	9	10
L/mm										

利用逐差法计算平均值 $\overline{\Delta L}$,然后代入公式 $u_{实} = \lambda v = 2\overline{\Delta L} \cdot v$ 求出超声波传播速度的实验值。最后求出实验的相对误差:$E_c = \dfrac{\left| u_{实} - u_{理} \right|}{u_{理}} \times 100\%$ 。

表 17-3 不同温度下干燥空气中的声速

温度 T/℃	$u_{理}$/(m/s)	温度 T/℃	$u_{理}$/(m/s)	温度 T/℃	$u_{理}$/(m/s)
0.5	331.750	1.0	332.050	1.5	332.359
2.0	332.661	2.5	332.963	3.0	333.265
3.5	333.567	4.0	333.868	4.5	334.199
5.0	334.470	5.5	334.770	6.0	335.071
6.5	335.370	7.0	335.670	7.5	335.970
8.0	336.269	8.5	336.588	9.0	336.866
9.5	337.165	10.0	337.463	10.5	337.760
11.0	338.053	11.5	338.355	12.0	338.652
12.5	338.949	13.0	339.216	13.5	339.542
14.0	339.838	14.5	340.134	15.0	340.429
15.5	340.724	16.0	341.019	16.5	341.314
17.0	341.609	17.5	341.903	18.0	342.197
18.5	342.490	19.0	342.734	19.5	343.077
20.0	343.370	20.5	343.663	21.0	343.955
21.5	344.274	22.0	344.539	22.5	344.830
23.0	345.125	23.5	345.414	24.0	345.705
24.5	345.997	25.0	346.286	25.5	346.576
26.0	346.866	26.5	347.156	27.0	347.445
27.5	347.735	28.0	348.024	28.5	348.313
29.0	348.601	29.5	348.889	30.0	349.177
30.5	349.465	31.0	349.753	31.5	350.040

【注意事项】

1. 采用屏蔽导线作为连接线,注意保持良好接地,尽量减小干扰信号。

2. 两压电换能系统端面间的距离不能太远,避免由于距离衰减使信号过小,从而产生较大的测量误差。

3. 注意利用等距读数的这一已知条件进行信号最大值的正确判断。

4. 应缓慢地调节微调螺旋并确保两压电换能器的端面不可接触,调节时应遵从近到远的原则(请思考其原因)。

【思考题】

1. 在本实验装置中驻波是怎样形成的?

2. 为什么在测 L 时不测量波腹间的距离,而要测量波节间的距离?

3. 压电换能系统所在位置是两列波在空气中的叠加,为什么示波器中能显示出正弦波信号?

（王晨光）

三、用超声光栅声速仪测量声速

【实验目的】

1. 熟悉超声光栅声速仪的构造、工作原理及其使用方法。
2. 掌握超声波的性质及其在液体中的传播规律。
3. 学会测量蒸馏水中声速的方法。

【实验原理】

光波在介质中传播时被超声波衍射的现象,称为超声致光衍射(亦称声光效应)。超声波作为一种纵波在液体中传播时,其声压使液体分子的排列产生周期性变化,使得液体的折射率也随之相应地作周期性变化,形成疏密波。此时,如有平行单色光沿垂直于超声波传播方向通过这疏密不同的液体,就会被衍射,这一作用类似光栅,称为超声光栅。

超声波传播时,如入射波被一个平面反射便会反向传播。在一定条件下,入射波与反射波叠加而形成超声频率的纵向振动驻波。由于驻波的振幅可以达到单一行波的两倍,加剧了波源和反射面之间液体的疏密变化程度。若某时刻纵驻波任一波节两边的质点都涌向这个节点,使该节点附近成为质点密集区,而相邻的波节处为质点稀疏处;半个周期后,这个节点附近的质点又向两边散开变为稀疏区,相邻波节处变为密集区。在这些驻波中,稀疏处液体折射率减小,而被压缩处液体折射率增大。在距离等于波长 A 的两点,液体的密度相同,折射率也相等,如图 17-6 所示。

当单色平行光 λ 沿着垂直于超声波传播方向通过上述液体时,因折射率的周期变化使光波的波阵面产生了相应的位相差,经透镜聚焦出现衍射条纹。这种现象与平行光通过透射光栅的情形相似。因为超声波的波长很短,只要盛装液体的液体槽的宽度能够维持平面波(宽度为 l),槽中的液体就相当于一个衍射光栅。图 17-6 中行波的波长 A 相当于光栅常数。由超声波在液体中产生的光栅作用称作超声光栅。当满足声光拉曼 - 内斯(Raman-

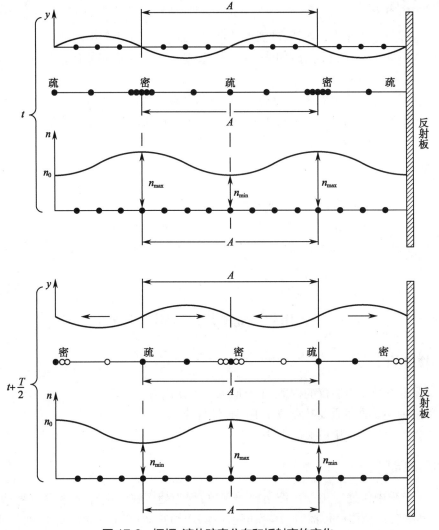

图 17-6 振幅、液体疏密分布和折射率的变化

Nath)衍射条件 $2\pi\lambda l / A^2 \ll 1$ 时,这种衍射类似平面光栅衍射,可得如下光栅方程

$$A\sin\varphi = k\lambda \qquad\qquad 式(17-8)$$

式中,k 为衍射级次,φ 为零级与 k 级间夹角。

在调好的分光计上,由单色光源和平行光管中的会聚透镜(L_1)与可调狭缝 S 组成平行光系统,如图 17-7 所示。

让光束垂直通过装有锆钛酸铅陶瓷片(或称 PZT 晶片)的液槽,在玻璃槽的另一侧,用自准直望远镜中的物镜(L_2)和测微目镜组成测微望远系统。若振荡器使 PZT 晶片发生超声振动,形成稳定的驻波,从测微目镜即可观察到衍射光谱。从图 17-7 中可以看出,当 φ 很小时,有

$$\sin\varphi = \frac{l_k}{f} \qquad\qquad 式(17-9)$$

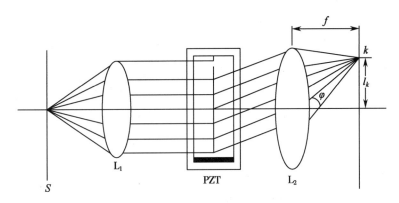

图 17-7　超声光栅仪衍射光路图

式中，l_k 为衍射光谱零级至 k 级的距离；f 为透镜的焦距。得到超声波波长

$$A = \frac{k\lambda}{\sin\varphi} = \frac{k\lambda f}{l_k} \qquad\qquad 式(17\text{-}10)$$

超声波在液体中的传播的速度

$$v = A\nu = \frac{\lambda f\nu}{\Delta l_k} \qquad\qquad 式(17\text{-}11)$$

式中，ν 是振荡器和锆钛酸铅陶瓷片的共振频率，Δl_k 为同一色光衍射条纹间距。

【实验器材】

超声光栅声速仪、分光计、钠光灯各一台；蒸馏水若干。

【实验装置介绍】

超声光栅声速仪由超声信号源、超声池、高频信号连接线、测微目镜等组成，并配置了具有 11MHz 左右共振频率的锆钛酸铅陶瓷片。实验以分光计为实验平台。超声信号源面板如图 17-8 所示，超声池在分光计上的放置位置如图 17-9 所示。

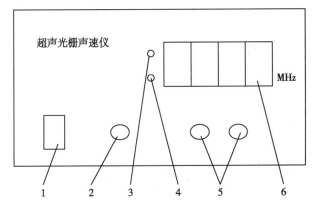

1. 电源开关；2. 频率微调钮；3. 正常工作指示灯；4. 保护状态指示灯；
5. 高频信号输出端(无正负极区别)；6. 频率显示窗。

图 17-8　超声信号源面板示意图

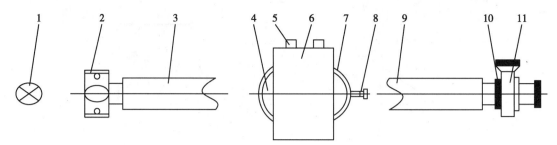

1.单色光源(钠或汞);2.狭缝;3.平行光管;4.载物台;5.接线柱;6.液体槽;
7.液体槽座;8.锁紧螺钉;9.望远镜;10.接筒;11.测微目镜。

图 17-9　液槽放置示意图(其中 2、3、4、9 为分光计元件)

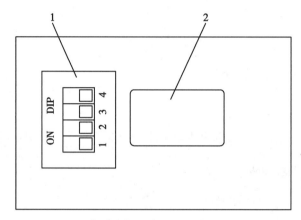

1.定时选择开关;2.电源插座。

图 17-10　超声信号源后面板及定时选择开关示意图

【实验步骤】

1. 调整分光计用自准直法使望远镜聚焦于无穷远,望远镜的光轴与分光计的转轴中心垂直,平行光管与望远镜同轴并出射平行光,望远镜的光轴与载物台的台面平行。目镜调焦至可以看清分划板刻线,并以平行光管出射的平行光为准,调节望远镜使观察到的狭缝清晰,狭缝应调至最小,实验过程中无须调节。

2. 预热钠光灯本实验采用钠光灯作光源。使用前需将钠光灯电源打开预热 3~5 分钟,待钠光灯发出明亮均匀黄光即可开始实验。

3. 装样品将待测液体(如蒸馏水、乙醇或其他液体)注入液体槽内,液面高度以液体槽侧面的液体高度刻线为准。

4. 将液体槽座置于分光计载物台上(图 17-9),液体槽座的缺口对准并卡住载物台侧面的锁紧螺钉,放置平衡,并用锁紧螺钉锁紧。

5. 将液体槽(可称其为超声池)平稳地放置在液体槽座中,放置时,转动载物台使超声池两侧表面垂直于望远镜和平行光管的光轴。

6. 将两支高频连接线的一端分别插入液体槽盖板上的接线柱,另一端接入超声信号源的高频输出端,盖好液体槽盖板。

7. 为保证仪器正常使用,仪器实验时间不宜过长,故在超声信号源电源上设置了定时选择开关(图17-10)。开启超声信号源电源前,先选择定时时间。拨定时选择开关1号键向左边,2号键向左边时,定时选定为60分钟。

8. 开启超声信号源电源,频率显示窗首先会显示被选定时的时间数,数秒后显示当时的振荡频率。被选时间到达前1分钟,超时报警灯开始连续闪烁,仪器自动停止工作,进入10分钟倒计时关机保护,此时保护状态指示灯亮;保护状态结束后,仪器将自动开机,并进入正常工作状态。

9. 从分光计目镜观察衍射条纹,仔细调节超声光栅声速仪频率微调钮(2),使电振荡频率与锆钛酸铅陶瓷片固有频率共振,此时,衍射光谱的级次会显著增多且更为明亮。

10. 左右转动分光计载物台,使射于超声池的平行光束完全垂直于超声波,同时观察视场内的衍射光谱左右级次亮度及对称性,直到从目镜中观察到稳定而清晰的左右各3~4级的衍射条纹为止。

11. 按上述步骤仔细调节,可观察到左右各3~4级或以上的衍射光谱。

12. 取下阿贝目镜,换上测微目镜,调焦目镜,使清晰观察到的衍射条纹。利用测微目镜逐级测量其位置读数(例如从 −2、−1、0、+1、+2),填入表17-4中,再用逐差法求出条纹间距的平均值。

表17-4　数据记录表格

液体	共振频率	衍射条纹位置					衍射条纹间距
		−2	−1	0	1	2	

13. 声速计算公式为式(17-11),其中,λ—光波波长;v—共振时频率计的读数;f—望远镜物镜焦距(仪器数据);Δl_k—同一种颜色光的衍射条纹间距。声波在一些常见物质中的速度见表17-5。

表17-5　声波在物质中传播速度

液体	温度 T_0/℃	声速 v_0/(m/s)	A/[m/(s·k)]
苯胺	20	1 656	−4.6
丙酮	20	1 192	−5.5
苯	20	1 326	−5.2
海水	17	1 518~1 550	/
普通水	25	1 497	2.5
甘油	20	1 923	−1.8
煤油	34	1 295	/
甲醇	20	1 123	−3.3
乙醇	20	1 180	−3.6

表中 A 为温度系数,对于其他温度 t 的速度可近似按公式 $v_t = v_0 + A(t - t_0)$ 计算。

【注意事项】

1. 锆钛酸铅陶瓷片未放入有媒质的液体槽前,禁止开启信号源。

2. 超声池置于载物台上必须稳定,在实验过程中应避免震动,以使超声在液槽内形成稳定的驻波。导线分布电容的变化会对输出电频率有微小影响,测量数据时不能触碰连接超声池和高频信号源的导线。

3. 锆钛酸铅陶瓷片表面与对应面的玻璃槽壁表面必须平行,此时才会形成较好的表面驻波,因此实验时应将超声池的上盖盖平,而上盖与玻璃槽留有较小的空隙,实验时微微扭动一下上盖,有时也会使衍射效果有所改善。

4. 实验时间不宜过长。首先,声波在液体中的传播与液体温度有关,时间过长,温度可能在小范围内有变动,因此影响测量精度,一般测量可以待测液体温度同于室温,精密测量可在超声池内插入温度计测量。其次,信号源长时间处于工作状态,会对其性能有一定影响,尤其在高频条件下有可能会使电路过热而损坏,实验时,避免长时间处于工作状态,以免振荡线路过热。建议信号源限时功能设定在 60 分钟为宜。

5. 提取液槽应拿两端面,不要触摸两侧表面通光部位,以免污染,如已有污染,可用乙醇清洗干净,或用镜头纸擦净。

6. 实验中液槽中会有一定的热量产生,并导致媒质挥发,槽壁会使挥发气体凝露,一般不影响实验结果,但须注意液面下降太多致锆钛酸铅陶瓷片外露时,应及时补充液体至正常液面高度处。

7. 实验完毕应将超声池内被测液体倒出,或将锆钛酸铅陶瓷片取出液槽并用洁布擦干,不要将锆钛酸铅陶瓷片长时间浸泡在液槽内。

8. 以下两点可明显提高条纹清晰度和衍射级次。
(1)将分光计狭缝内的毛玻璃片卸除。
(2)光源尽量靠近狭缝。

【思考题】

1. 什么是光栅衍射?
2. 超声光栅是如何形成的?
3. 为什么单次实验时间不宜过长?

(杨海波)

【实验目的】

1. 掌握声强级、响度级、等响曲线和听阈等基本概念。
2. 通过人耳听阈曲线的测定,熟悉使用听觉实验仪测听阈曲线的原理和基本方法。
3. 了解通常情况下人听觉能感受到机械波的频率和声强范围。

【实验原理】

临床上,为了诊断患者有无听力障碍、听力损失的程度、听力障碍的性质或部位等,往往要对其进行纯音听阈测定。这是一种主观测听方式,需要患者能够主动配合检测人员。测试过程中,患者坐于隔音室内,头戴耳机,检测人员通过耳机给予不同强度和频率的纯音。患者通过举手或按钮做出反应,来告诉检测人员自己是否听到刚才的声音,检测人员通过观察患者反应,记录各频率下引起听觉的最小声强,即听阈。本实验与上述临床检查相类似,目的是在对学生自身听阈测试过程中,加深对声强级、响度级、等响曲线以及听阈等基本概念的理解,进一步了解人的听觉和声波这一物理现象的关系。

1. 声强级　频率在 20~20 000Hz 范围内的机械振动,能引起人的听觉,形成的波称为声波。描述声波能量的大小常用声强和声强级两个物理量。声波的强度称为声强(I),即在单位时间内通过垂直于声波传播方向的单位面积的声波能量。实际上,在人类的听觉区域中,声强的差别很大。以频率为 1 000Hz 的声音为例,通常情况下人能听到的最低声强为 10^{-12}W/m^2,而最高能忍受的声强为 1W/m^2,相差 10^{12} 倍,但人耳的主观感受并没有这样大的差别。因此,声学上通常用声强的对数来表示声音强度等级,即声强级。声强级(L)是声强的对数标度,单位为分贝,记为 dB。声强与声强级的关系为

$$L = 10\lg\frac{I}{I_0}(\text{dB})$$

式中,$I_0 = 10^{-12}\,\text{W}/\text{m}^2$,是声学中规定的标准参考声强。

声强级的引入方便了人耳对声音强弱主观感觉的定量描述。

2. 响度级　人耳对声音强弱的主观感觉称为响度。响度不仅取决于声强级的大小,还与声波的频率有关。不同频率的声波在人耳中引起相等的响度时,它们的声强级并不相等。而在同一频率下,响度会随声强级的增大而增大,但两者并不是简单的线性关系。在物理学中用响度级来定量描述声音的响度。规定频率为 1 000Hz 纯音的响度级(单位为方)在数值上等于其声强级(以 dB 计)。其他频率的被测声音听起来与某种声强下的 1 000Hz 的纯音

同样响度,此 1 000Hz 纯音的响度级就是该被测声音的响度级。

3. 等响曲线与听觉区域　以声音频率的常用对数为横坐标、声强级为纵坐标,绘出与 1 000Hz 的纯音等响时的声强级与频率的关系曲线称为等响曲线。图 18-1 给出了正常测试者听觉的等响曲线。引起听觉的声音不仅在频率上有一定的范围,而且在声强上也有一定的范围。就是说对于任一在频率范围内的声波,声强必须达到某一数值才能引起人耳听觉,能引起听觉的最小声强值称为听阈。对于不同频率的声波听阈不同,听阈与频率的关系曲线称为听阈曲线。随着声强的增大,人耳感到声音的响度也提高了,当声强超过某一最大值时,声音在人耳中会引起痛觉,人耳可容忍的最大声强值称为痛阈。对于不同频率的声波,痛阈也不同,痛阈与频率的关系曲线称为痛阈曲线。由图 18-1 可知,听阈曲线即为最下面的那条等响曲线,痛阈曲线则为响度级为 120 方的等响曲线(最上面的那条曲线)。图 18-1 中,听阈曲线和痛阈曲线及 20~20 000Hz 之间的范围称为听觉区域,听觉区域表示只有频率在 20~20 000Hz 之间、声强值在痛阈曲线和听阈曲线之间的声波才能引起人耳的正常听觉。不同人的等响曲线并不完全一样,例如老年人对高频声音的敏感度比年轻人差得多。在临床上常用听力计测定患者对各种频率声音的听阈值,然后与正常人的听阈进行比较,用以诊断病人的听力是否正常。

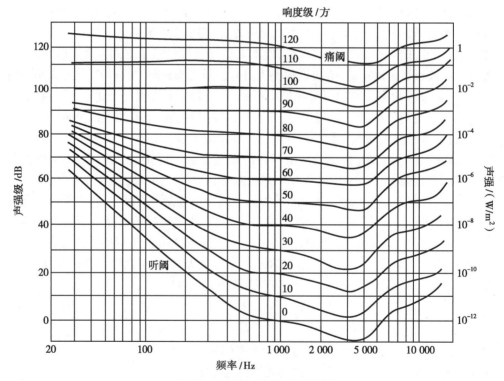

图 18-1　等响曲线与听觉区域

【实验仪器】

听觉实验仪、双声道耳机。

听觉实验仪的种类很多,但基本功能和操作方法大体相同。首先将耳机与听觉实验仪连接好并选择待测的左耳或右耳单独发声,通过调节频率旋钮可调节所听到的纯音频率,频率值可通过仪器读出。然后调节声强级或衰减值,可改变所听到的纯音在某一频率时的响度,同样在仪器上能读出相应声强级的大小。实验时可以调节这两个变量来改变所听到的声音响度,记录听到的最小响度时不同频率对应的声强级,从而达到测试听力的目的。

【实验步骤】

1. 熟悉听觉实验仪面板上各键和旋钮功能,连接耳机。被测试者戴上耳机,调节频率和声强级(或衰减值)感觉响度的变化规律。

2. 被测试者背向仪器,可以在同组者的帮助下,将频率旋钮旋到待测频率。

3. 将右耳(或左耳)和间断(或连续)的开关按需要选择好,将高音量(或低音量)的开关进行适当选择。

4. 递增声强级法测量　先将声强级设置较小,当被测试者刚好听不到声音后,再逐渐增大声强级,直到被测试者能听到声音。记下刚好可以听到最小声音时声强级读数记为 L_1(dB)。

5. 递减声强级法测量　将声强级设置较大,使被测试者能听到声音,逐渐减小声强级,直到被测试者听不到声音。记下刚好可以听到声音时最小声强级读数记为 L_2(dB)。

6. 令 $\overline{L}_{测} = \dfrac{L_1 + L_2}{2}$,求出平均声强级 $\overline{L}_{测}$(dB)。

7. 重复步骤 1~6,分别测试被测试者在 64Hz、128Hz、256Hz、512Hz、1kHz、2kHz、4kHz、8kHz、16kHz 这 9 个频率下左、右耳的听阈,求出各频率对应的平均声强级结果 $\overline{L}_{测}$(dB)。注意,在读数时,被测试者本人不应知晓读数值,可由他人代替记录。

8. 将以上测量和计算值填入表 18-1 中。

表 18-1　听阈曲线测量数据表

频率 /Hz			64	128	256	512	1k	2k	4k	8k	16k
听阈声强级 /dB	左耳	L_1									
		L_2									
		$\overline{L}_{测}$									
	右耳	L_1									
		L_2									
		$\overline{L}_{测}$									

9. 以频率的常用对数为横坐标、声强级为纵坐标,将不同频率声波所对应听阈的声强级进行连线,即为听阈曲线。在同一坐标系中分别做出左耳和右耳的听阈曲线。

10. 将实验所得听阈曲线与标准听阈曲线相比较,判定被测试者听力的健康程度。

【注意事项】

1. 时刻注意耳机连接线导电情况是否正常,不可随意拉扯该连线,避免由于连线接触不良而造成的测量误差。

2. 测试环境保持安静,不得说话或走动。如需同学间配合完成实验,可利用仪器自带的指示灯交流。

3. 应尽量避免由听觉疲劳和主观印象带来的测量误差。

【思考题】

1. 有人说声强级为 40dB 的声音听起来一定比 30dB 的声音更响一些,这种说法是否正确? 为什么?

2. 为什么本实验要采用递增声强级法测量和递减声强级法测量?

3. 在重复读数时,为什么要求被测试者本人不能知晓之前的读数值?

(王晨光)

实验十九　扩散硅压阻式压力传感器

【实验目的】

1. 了解扩散硅压力传感器的工作原理和具体工作状况。
2. 理解电子血压计的工作原理,并能利用压力传感器进行血压测量。

【实验原理】

常见医用压力传感器包含医用气压压力传感器、无创医用传感器、动脉压力监测传感器、动脉压力传感器、有创医用传感器、血压计压力传感器、医用输液泵用压力传感器、脉搏传感器、血压传感器等。

采用扩散硅芯片作为敏感元件的传感器称为扩散硅型压力传感器。扩散硅压阻式传感器越来越受到人们的重视,尤其是以测量压力和速度的固态压阻式传感器的应用最为普遍。这种压力传感器的特点是尺寸小、重量轻、价格便宜,并且便于自动化装配。

单晶硅材料在受到压力作用时,其电阻率会发生很大变化,而且在不同晶向上电阻率的变化不同。当力作用于硅晶体时,晶体的晶格就会产生变形。变形的晶格使载流子发生散射,从而引起载流子的迁移率发生变化,扰动了载流子纵向和横向的迁移率平均量,使硅晶体电阻率发生很大的变化。这种变化随晶体的取向而异,因而硅的压阻效应与晶体取向有关。硅压阻效应的电阻随压力的变化主要取决于其电阻率的变化,而金属应变电阻的变化则主要取决于其几何尺寸的变化(应变),因此硅压阻效应的灵敏度要比金属应变电阻的灵敏度高 50~100 倍。

据单晶硅压阻效应研制的扩散硅压阻式压力传感器,是利用扩散工艺在 N 型硅片上定域扩散 P 型杂质而制成的应变元件。在单晶硅上形成一个与传感器量程相应厚度的弹性膜片,采用微电子工艺在弹性膜片上形成四个应变电阻,组成一个惠斯通电桥。当压力作用后,弹性膜片就会产生变形,形成正、负两个应变区,材料的电阻率就要发生相应的变化,进而引起应变电阻的变化。在一定电源激励下,通过合理的设计,使得当单晶硅片受到压力作用时,电桥一个对臂的两个电阻阻值增大,另一个对臂上的两个电阻阻值减小,最终使电桥的输出端输出一个与被测压力成一定比例关系的电压信号。

本实验是把气压的压力变化通过扩散硅压力传感器转化为电压的变化,微弱的电压信号经差动放大器放大后,用毫伏表观察电压的变化,并进行数据分析处理。本实验电路原理图,如图 19-1 所示。

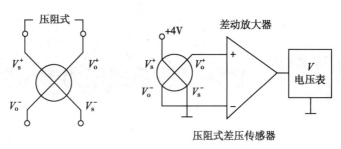

图 19-1   压阻式压力传感器实验电路连接图

【实验器材】

传感器系统实验仪,所需单元及部件:直流稳压电源、主电源、副电源、压阻式压力传感器、差动放大器、F/V 显示表、压力计和加压配件。实验仪主要由四部分组成:传感器安装台、显示与激励源、传感器符号及引线单元、处理电路单元。

【实验步骤】

1. 观察仪器面板,了解所需的单元、部件、传感器的符号表示及其在仪器面板上的位置。旋钮初始位置:电压表切换开关置于 20V,差动放大器增益适中,主电源关闭。

2. 按图 19-1 将传感器及电路接好,注意接线正确,否则易损坏元器件。差动放大器接成同相反相均可以。

3. 按图 19-2 所示,接好传感器供压回路,通过三通管将橡胶管连接至传感器高压嘴,并将注射器拉开接到传感器供压回路中(如需卸压,须将注射器与橡胶管脱离)。当高压嘴接入正压力时(相对于低压嘴)输出为正,反之为负。

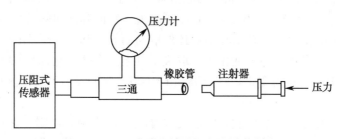

图 19-2   压阻式压力传感器实验气路连接图

4. 开启主、副电源调整差动放大器零位旋钮,使电压表示数尽可能为零,记录此时电压表的读数。

5. 缓慢推动注射器加压,注意用力要均匀,当压力计示数为 20mmHg 时,记录此时电压表的示数。然后每增加 20mmHg 读数一次,直至加压到 200mmHg 时,停止继续加压,并将数据填入表 19-1 中。

表 19-1   压力值和电压值对照表

压力 /mmHg	20	40	60	80	100	120	140	160	180	200
电压 /V										

根据所得的结果计算系统灵敏度 $S = \Delta V / \Delta P$(式中 ΔV 为电压变化;ΔP 为压力变化),并绘制 V-P 关系曲线,找出线性区域。

6. 将注射器换成测量血压的袖带和气压皮囊,通过连通器分别连接压阻式传感器高压嘴、压力计、袖带。将袖带缠在待测者胳膊上,通过加压皮囊加压,加压到达 180mmHg 停止加压,然后通过放松加压皮囊上的旋钮缓慢放气。利用柯氏听音法(参见实验二十"人体血压测量")来判断收缩压、舒张压。记录收缩压和舒张压时电压表读数和压力计读数,然后根据步骤 5 中所得 V-P 关系曲线和电压表读数推断出收缩压、舒张压数值,并和压力计示数(标准值)进行比较,并进行误差分析。

【注意事项】

1. 如果差动放大器增益不理想,电压表示数变化过大或者变化不明显,可适当调整其增益旋钮,通常增益旋钮设置在中间位置,使电压表示数适中。增益旋钮一旦重新调整,就要重新调整零位,增益旋钮调好后在实验过程中不得再变。

2. 实验过程中注意检查气路不要漏气,如有漏气请及时解决,解决后再进行实验。

3. 检查线路,确定无误后,才可接通电源。实验完毕后应先关闭主、副电源后,再对线路进行操作。

【思考题】

1. 本实验装置是否可用作负压测试?
2. 压阻式压力传感器是否可以用作电子血压计的设计?

(盖志刚)

一、人体皮肤电阻抗的频率特性

【实验目的】

1. 了解生物组织电阻抗的概念。
2. 掌握测量人体组织电阻抗的频率特性的方法。
3. 掌握数字信号发生器、毫伏表的使用方法。

【实验原理】

借助置于体表的电极系统向检测对象输入微小的测量电流和电压,检测其相应的电阻抗及其变化,然后根据不同的应用目的,可以获取检测对象相关的生理和病理信息。这种利用生物组织与器官的电特性及其变化规律来提取与人体生理、病理状况相关的生物医学信息检测技术称为生物电阻抗测量。它具有操作简单、无创无害、功能信息丰富等特点。

人体体表有一层导电性最差的皮肤,体内为导电性较强的体液和具有不同导电性的各种组织。皮肤阻抗远大于其他组织的阻抗,人体阻抗是皮肤阻抗和其他组织的阻抗之和。

人体阻抗具有容性阻抗的特点。皮肤阻抗的大小主要取决于表皮的角质层,角质层相当于绝缘膜,类似于电容器中的电介质,而真皮和电极类似于电容器的两个极板。由于角质层有汗腺允许离子通过,所以也轻微导电。所以表皮可以看成是纯电容 C 和纯电阻 R 的并联。

表皮阻抗:

$$Z = \frac{R}{\sqrt{1+(\omega RC)^2}} = \frac{1}{\sqrt{\frac{1}{R^2}+(2\pi fC)^2}} \qquad 式(20\text{-}1)$$

而皮下组织由于导电性较好,可以模拟为纯电阻 Ω。所以总的皮肤阻抗可以表示为:

$$Z_{肤} = \Omega + \frac{1}{\sqrt{\frac{1}{R^2}+(2\pi fC)^2}} \qquad 式(20\text{-}2)$$

总的皮肤阻抗可以表示为电阻和电容的组合,如图 20-1 所示。

影响皮肤阻抗的主要因素主要有以下两点。

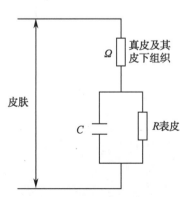

图 20-1　皮肤阻抗模拟电路

1. 当皮肤潮湿时,汗腺里水分很多,R 减小,皮肤阻抗下降;相反,皮肤干燥,汗腺里的水分很少,R 增大,皮肤阻抗增加。所以皮肤的干湿程度对皮肤的阻抗影响较大。

2. 当直流电和低频交流电通过皮肤时,由于 f 较小,皮肤阻抗较大;而高频下 f 较大,皮肤阻抗和频率成反比,阻抗较小。所以皮肤阻抗随着交流电频率的增加而减小,具有容性阻抗的特点,如下图 20-2 所示。

人体交流阻抗的测量实验装置如图 20-3 所示。

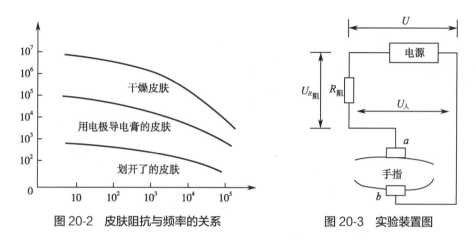

图 20-2　皮肤阻抗与频率的关系　　　　图 20-3　实验装置图

由欧姆定律可知 $\dfrac{U_{R_{阻}}}{R_{阻}} = \dfrac{U_{人}}{Z_{肤}}$,所以两手指间的阻抗为 $Z_{肤} = \dfrac{U_{人}}{U_{R_{阻}}} R_{阻}$。

【实验器材】

直流稳压电源、数字信号发生器、毫伏表、固定电阻两只、电极和导线等。

【实验步骤】

1. 观察组装线路,接入的分压纯电阻器件,其电阻值为 10kΩ,并知道原理和待测数据。

2. 先打开毫伏表电源,按面板上手动键,测量微小电压时选用 auto 量程,最大量程为 3V,最后按【CH1】键。

3. 打开信号发生器电源,进行信号幅度设定。幅度格式选择【有效值】,按【shift】键,选择【有效值】对应键;按【幅度】进行幅度设定,按【3】,然后按【s/Hz/v】设为 3V;常用波形选择,按【shift】,按【0】选择正弦波形。

4. 进行信号频率设定,按信号发生器【频率】键,然后按【10】数字后,按【s/Hz/V】,将开始信号频率设为 10Hz。

5. 将两手指分别放入两电极中,使电路导通。待电路稳定后,分别用毫伏表测量 $U_{R_{阻}}$ 和 $U_{人}$,电压读数精确到小数点后一位。由欧姆定律可知 $\dfrac{U_{R_{阻}}}{R_{阻}} = \dfrac{U_{人}}{Z_{肤}}$,所以两手指间的阻抗为 $Z_{肤} = \dfrac{U_{人}}{U_{R_{阻}}} R_{阻}$,由测量数据算出两手指间的阻抗,测量三次,并进行数据处理取平均值。

6. 依次更改频率,用毫伏表分别在 10Hz、32Hz、100Hz、317Hz、1 000Hz、3 167Hz 等不

同频率下测量出 $U_{R阻}$ 和 $U_人$ 值,填入表 20-1 中,并根据公式分别计算出手指间的阻抗值 $Z_肤$。

表 20-1 手指皮肤交流阻抗测量数据表

lg f		1.0	1.5	2.0	2.5	3.0	3.5
$U_人$ /V	1						
	2						
	3						
	平均值						
$U_{R阻}$ /V	1						
	2						
	3						
	平均值						
$Z_肤$ /V	1						
	2						
	3						
	平均值						

频率设定操作以及相应频率对数值:

① 按【频率】 按【10】 按【s/Hz/V】 (lg10=1.0)
② 按【频率】 按【32】 按【s/Hz/V】 (lg32=1.5)
③ 按【频率】 按【100】 按【s/Hz/V】 (lg100=2.0)
④ 按【频率】 按【317】 按【s/Hz/V】 (lg317=2.5)
⑤ 按【频率】 按【1 000】 按【s/Hz/V】 (lg1 000=3.0)
⑥ 按【频率】 按【3 167】 按【s/Hz/V】 (lg3 167=3.5)

以此类推,根据情况可适当增加测量频率。

7. 实验完毕后,关闭电源,恢复各仪器初始状态。

【注意事项】

1. 若按键错误需要重新设定,按【Shift】,然后按【复位】,或重新开机。

2. 实验过程中要严格按照规程,不要随意改变毫伏表的量程、数字信号输出电压,更不要随意接线,不能把电流直接接入人体。

3. 手指要蘸食盐溶液以增大其皮肤导电性,不要在有伤口的皮肤上做实验。

4. 一位同学将两手指分别放入两电极之中,保持静止不动,以防止电压读数波动较大。由另一位同学改变毫伏表夹具位置来分别测量待测交流电压,并读取记录数值。一位同学数据测量完毕后,同学间互相交换位置再进行下一轮测量。

【思考题】

1. 为什么潮湿的手更容易触电?

2. 皮肤阻抗的特点是什么?

(盖志刚)

二、人体血压测量

【实验目的】

1. 了解气体压力传感器的工作原理。
2. 掌握数字式压力表的组装及定标方法。
3. 掌握人体血压的测量原理以及采用柯氏音法测量人体血压的方法。

【实验原理】

血压（blood pressure, BP）是反应心血管系统状态的重要生理参数。人体血压是指血液在血管内流动时，作用于单位面积血管壁的侧压力，它是推动血液在血管内流动的动力。在不同血管内分别被称为动脉血压、毛细血管压和静脉血压，通常所说的血压是指体循环的动脉血压。心脏收缩时主动脉中血压的峰值称为收缩压，也称高压；心脏舒张时主动脉中血压的谷值称为舒张压，也称低压。

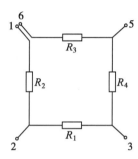

图 20-4　MPS3100 气体压力传感器原理图

压强是一种非电学的物理量，它可以用指针式气体压力表来测量，也可以用压力传感器把压强转换成电学量，用数字电压表进行测量和监控。在这个实验里我们利用 MPS3100 气体压力传感器对人体血压进行测量。MPS3100 气体压力传感器是一种利用压阻元件组成的桥式电路，其原理图如图 20-4 所示，其中管脚 1~6 分别定义为 GND、V+、OUT+、空、V− 和 GND。

当改变作用在电路上面的气体压强时，压阻元件的阻值会随之发生改变，从而改变了输出电压，也即实现了气体压强信号到电信号的转变（参见实验十九"扩散硅压阻式压力传感器"的实验原理）。实验中给气体压力传感器加上 5V 的工作电压，气体压强范围为 0~40kPa，则它随着气体压强的变化能输出 0~75mV（典型值）的电压。压力传感器的输出端接有一只数字电压表，这样改变输入的气体压强 P，可以从数字电压表读出与之相应的输出电压值 U，从而作出 U-P 图，得到气体压强与输出电压的线性关系。

传感器的输出电压与气体压强有一一对应的关系，因此可用气体压力传感器、放大器和数字电压表来组装数字式压力表，即构成一台数字血压计。图 20-5 所示为压力传感器特性及人体心律与血压测量实验仪的面板组成，测量气体压强范围为 0~32kPa。它内置 MPS3100 压力传感器，传感器把气体压强转换成电压，配合数字电压表和放大器组成数字式压力表，并用标准压力表定标。

血液在血管内流动和水在平整光滑的河道内流动一样，通常是没有声音的，但当血液或水通过狭窄的管道形成湍流时，则可发出声音，测量血压时，此声音称为柯氏音。目前临床上普遍采用听诊法（即柯氏音法）测量人体血压。这种方法通常测定左手臂肱动脉处血压，并以高出大气压的数值表示。当用数字血压计测量时，把血压袖带缠在左手臂肘关节上部，听诊器置于肱动脉处，通过充气挤压血管，使血流完全阻断，此时听诊器内血管的脉动声（柯氏音）完全消失，这时停止充气。然后打开排气口慢慢放气，当袖带内空气压强等于主动脉收缩压时，血流通过，并听到第一个柯氏音，此时血压计显示的数值即为收缩压（高压）。继续放气通过听诊器能听到强而有力的柯氏音，且慢慢变轻，直至袖带内空气压强等于主动脉舒张压时，柯氏音消失,这时认为血管完全未受挤压,此时血压计显示的数值即为舒张压(低压)。

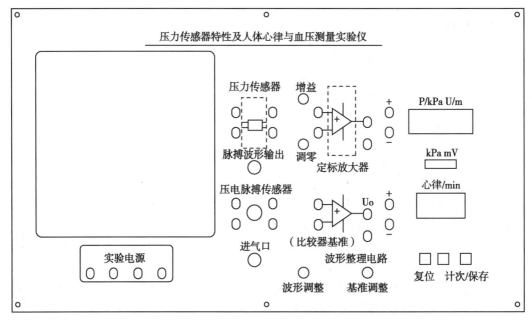

图 20-5   压力传感器特性及人体心律与血压测量实验仪的面板组成

【实验器材】

压力传感器特性及人体心律与血压测量实验仪(内置实验电源、指针式压力表、气体压力传感器、定标放大器、数字电压表)、注射器、血压袖带、听诊器、接插线。

【实验步骤】

1. 实验前的准备工作   打开压力传感器特性及人体心律与血压测量实验仪电源开关预热 5 分钟,待仪器稳定后开始实验。

2. 气体压力传感器的特性测量

(1)用接插线将气体压力传感器的输入端连接到实验电源,输出端连接到数字电压表,连接时红色接线柱之间用红色接插线连接,黑色接线柱之间用黑色接插线连接。输出档位开关按在"mV"档。将注射器连接到仪器面板的进气口上。

(2)通过注射器改变管路内气体压强,从 4kPa 到 32kPa 每隔 4kPa 测一个点,分别测出在每点气体压力传感器的输出电压,并将测量电压数据填入表 20-2 中。

(3)根据表 20-2 中数据绘制输出电压 U 与输入压强 P 的关系曲线。理论上电压 U 与输入压强 P 的关系曲线为一条直线,直线的斜率即为气体压力传感器的灵敏度,此灵敏度代表了气体压力传感器的特性。

表 20-2   气体压力传感器的灵敏度

P/kPa	4	8	12	16	20	24	28	32
U/mV								

3. 数字式压力表的组装及定标

(1)将气体压力传感器的输出端与定标放大器的输入端连接,再将放大器输出端与数字电压表连接,组装成数字式压力表。

(2)对组装数字式压力表定标。用注射器对仪器加压,当气体压强为 4kPa 时,调整调零旋钮使输出的电压值为 40mV;当气体压强为 18kPa 时,调节增益旋钮使输出电压为180mV。

(3)定标完成后,将输出档位开关按在"kPa"档(此仪器测量血压单位为 kPa,实际中常用血压单位为 mmHg,1kPa=7.5mmHg),组装好的数字式压力表便可用于人体血压测量及数字显示。

4. 血压的测量

(1)采用典型的柯氏音法测量血压。将血压袖带绑在左手臂上侧,袖带下缘应在肘弯上2.5cm,听诊器探头置于肘窝肱动脉搏动最明显处,不能重压。注意听诊器探头不与袖带接触,避免袖带内气压变化对听诊器探头产生影响。

(2)将血压袖带连接管接入仪器进气口,用压气球向袖带内压气至听诊器内听不到血管脉动声音,打开排气口缓慢排气,同时用听诊器听脉动音(柯氏音),当听到第一次柯氏音时压力表的读数为收缩压(高压)。继续缓慢放气,排气至听不到柯氏音,最后一次听到柯氏音时压力表的读数为舒张压(低压)。

(3)重复上面的操作,再次测量收缩压和舒张压,每位同学测量 3 次。

(4)将测得的收缩压与舒张压填入表 20-3 中。

表 20-3　人体血压数据表

项目	收缩压	舒张压
第一次测量血压 /mmHg		
第二次测量血压 /mmHg		
第三次测量血压 /mmHg		
平均血压 /mmHg		

【注意事项】

1. 实验之前,仪器须开机预热 5 分钟。

2. 严禁实验时加压超过 36kPa(瞬态)。

3. 测量压力传感器特性时必须用定量输气装置(注射器)。

4. 实验过程中尽量保持安静,以免听不到柯氏音。

5. 数字式压力表定标时,不要过度用力旋转调零和增益旋钮,不要使旋钮转到最低端,尽量在中间调节。

6. 实验结束后需将血压袖带内的气体排净后妥善放置。

【思考题】

1. 什么是人体血压?
2. 用数字式血压计测得的数据与用医用水银血压计测的数据比较,哪个误差小?
3. 除了数字式血压计,气体压力传感器在工业、医学和物理实验中还有哪些用途?

(万永刚)

实验二十一　心电图机的使用

【实验目的】

1. 理解基本工作原理和技术指标的意义。
2. 掌握心电图机的正确操作方法。
3. 学会分析心电图机的技术指标。

【实验原理】

心脏搏动时会发生电位的变化,这变化可等效为一个电偶,称为心电偶。心电偶可看成一个置于容积导体中的电偶极子,心电偶在体内形成心电场,心电偶的大小、方向、位置随时间而变化,反映在体表的电位也随时间而变化,即心电图。心电图的描记就是在体表指定部位安放电极板,并用导联线接到心电图机,通过导联选择开关按钮的变化,实现将人体不同部位的电极信号输入到电压放大器,通过信号放大、显示来记录人体的心电信号。用所得到的图形与对应位置的正常图形比较就可以了解心脏的一般情况。心电图可反映心脏的活动情况,是诊断心脏疾病的一种重要手段。

由于心电信号是微弱的,所以必须通过电压放大和功率放大之后才有足够的电功率来推动记录描笔,记录描笔按照不同部位心电电位大小的变化上下移动,走纸系统带动记录纸匀速移动,这样记录纸上就描记下心电波形。

心电图机由导联选择器、标准信号源、电压放大器、功率放大器、记录器、走纸装置和电源等部分组成。心电图机有五根导联线,以红、黄、绿(或蓝)、黑、白色加以区别。当描记心电图时,红导联线接右手、黄导联线接左手,绿或蓝导联线接左腿、黑导联线接右腿,白导联线接胸前部位。导联选择器是把接在人体上的五根导联线,根据需要选择某一个导联送入放大器。例如导联开关旋向 I 时,导联选择器就把红、黄两导联线接入电压放大器,同时其余导联线断开,心电信号经放大器放大到足够的幅度后,再送入功率放大器。经过功率放大,使心电信号有了足够的功率,以便送入记录器后可以推动记录描笔,使记录描笔按照心电信号的变化规律进行摆动,描笔下的记录纸在走纸系统带动下匀速移动。这样,在记录纸上留下了心电的波形——心电图。

描记心电图时,为了对心电图进行定量测定和分析以达到鉴别诊断的目的,不仅走纸速度固定,而且对于相同电压幅度的电信号,描笔也应该移动相同的幅值,也就是说放大器的放大倍数也应该是一定的,必须统一标准,使用同一大小的增益,描出的图形才可以比较。因此,机器本身设有 1mV 的标准信号源。即给电压放大器加上 1mV 的信号,然后调整增益,使描笔打标 10 小格之后,再做心电图。描记心电图前,按 1mV 标准信号调节增益使描笔正好打 10 小格,是心电图机使用规定统一的标准。本实验用的心电图纸是压热型的,它表面的化学物质遇压或遇热作用后会变黑。心电图机的结构方框图如图 21-1。

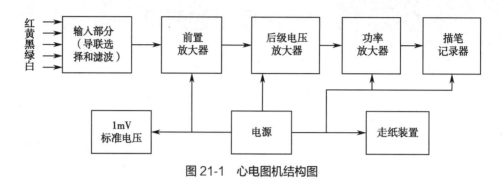

图 21-1 心电图机结构图

【实验器材】

心电图机、心电图纸、导联线。

心电图机的型号很多,不同型号的机器面板上的按键和开关的位置不同,功能和名称相同。各主要按键和开关介绍如下:

1. 供电模式选择开关(AC/DC/CHG),如表 21-1 所示。

表 21-1 供电模式选择开关

电源开关	供电模式选择开关状态		
	AC(交流)	DC(直流)	CHG(充电)
ON	交流供电	电池供电	电池充电
OFF			

在任何不使用交流电源工作的场合(包括关机、搬运等),供电模式选择开关都应打在充电(CHG)状态。

2. 交流指示(LINE) 此灯亮说明仪器处于交流供电工作状态。

3. 直流指示(BATTERY) 使用电池供电时灯亮,四种亮度表示电池存电量。

4. 充电指示(CHARGE) 指示灯闪烁表示正在进行充电,灯恒亮时表示充电完毕。

5. 基线位置调节器 调节描笔基线的位置。

6. 定标键(1mV) 按此键要由机内提供 1mV 标准电压信号,检测描记幅度,从而确定心电图机的灵敏度和工作是否正常。

7. 手动/自动控制键(MAN/AUTO) 按此键可选择手动或自动转换导联工作方式。

8. 导联指示器(LEAD SELECTOR) 按导联选择键时,导联指示器相应的灯发亮,显示所选择导联位置。显示心电图机的工作状态。

9. 复位键(RESET) 使心电图机描迹复位到起始状态。当作图过程中有基线漂移过大时,只要按下该键,描笔就会迅速回到起始的中间位置,松开此键心电图机又继续描记。对 ECG- ⅡB,按下该键,机器同时停止走纸。

10. 滤波功能键(FILTER) 按动此键可选择抑制交流电干扰(HUM)或人的肌体电波干扰(EMG)。

11. 走纸速度选择键(PAPER SPEED)　有 25mm/s 和 50mm/s 档位,其中 25mm/s 为标准走纸速度。

12. 灵敏度选择键(SENSITIVITY)　是心电波形的灵敏度选择功能键,有相应的指示灯或液晶表示所选灵敏度。"1"指示为标准灵敏度,"1/2"指示灵敏度衰减一倍,"2"指示灵敏度增大一倍,按键控制顺序为 1、1/2、2。

13. 操作控制键(OPERATING),如表 21-2 所示。

表 21-2　操作控制键选择与工作状态

指示状态		动作	
指示灯	记录纸	描笔	笔温
STOP(停止)	停止	不工作	预热
CHECK(观察)	停止	按输入信号动作	加热
START(记录)	走纸	描记波形	加热

【实验步骤】

心电图机技术指标的测量　一台心电图机性能的好坏,可以由一些具体的参数来衡量。当使用心电图机时,应该首先对机器的主要性能进行以下检查,看是否合乎参数要求。

1. 增益:正常心电图机的放大倍数为 5 000~6 000 倍。正常使用时,1mV 标准信号放大后,记录描笔描出 10mm 的振幅,增益大约是 5 000 倍,这是最起码的增益。

测量方法:置操作控制键于"CHECK",按 1mV 标准键观察记录描笔的摆动幅度。

把灵敏度选择键置于"1"位置,操作键置于"START"。当记录纸走动时,以一定节拍按动 1mV 标准键,不断打出方波,这个方波的振幅应为 10~12mm,说明此心电图机放大倍数符合参数要求。

2. 噪音和漂移:噪音和漂移是来自电路元件及外界电信号的影响。但它们有不同的地方,基线漂移一般指较缓慢的漂移。而噪音则指频率较快的扰动,正常心电图机要求机器内部所发生的噪音和漂移,在记录纸上不反映出来。

测量方法:置操作控制键于"START"状态,使机器走纸,如果描笔在记录纸上留下平稳直线,如图 21-2(a)所示,说明噪音和漂移很小;如果笔迹有微小抖动如图 21-2(b)所示,则机器有噪音;如果笔迹缓慢地上下摆动,如图 21-2(c)所示,则是漂移;噪音和漂移同时发生,则如图 21-2(d)所示。走纸记录 10 秒钟,漂移不大于 ±1mm 且无杂波干扰为正常。

3. 阻尼:心电图机的记录描笔和其他指针式仪表一样,当电流通过表头时指针会在相应的位置附近左右振动,这种描笔按本身固有频率的振动会使心电图失真。当信号频率和电流计固有的自由振动频率相等时发生共振,振幅最大。因此需要加一个抑制谐振的力矩,这种力矩在心电图机中常称为"阻尼"。动圈式电流计的"阻尼"是利用描笔在记录纸上的摩擦和空气阻力而达到的。机器的阻尼是否正常,对所描记的心电图有很大影响。除阻尼正常外,常见的还有阻尼

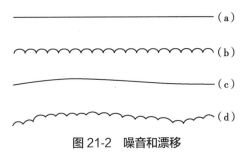

图 21-2　噪音和漂移

过大和过小两种情况,如图 21-3 所示。

图 21-3 阻尼分析

测量方法:通电后,导联选择键置于"TEST",操作控制键置于"START",然后重复地按动 1mV 标准信号键,不断打出方波,观察波形的阻尼情况。

4. 放大器的对称性:心电图机对于等振幅正负信号的放大倍数应该是相等的,心电图机放大器对正信号和对等幅度的负信号的放大倍数的比值称为心电图机放大器的对称性,这个性能也影响心电波形的真实性。检查心电图机放大器的对称性时,不仅记录描笔处于记录纸中心线时应该对称,而且作为一个质量很好的机器,基线偏上或偏下,工作时放大倍数也应该对称。

测量方法①基线位于中心线的对称性测试:机器通电后,首先把描笔调节至记录纸的中心位置上,增益调到 1mV 信号打标为 10mm 的状态,开动记录走纸开关,按下 1mV 标准信号键,不立即撒手,记录描笔应先向上振动(幅值应为 10mm),然后再慢慢向下回落而描出一条向下的指数曲线。等记录描笔回到基线位置后,再松开手。于是记录描笔向下打出波形,幅值应为 10mm,等到记录纸走了一段描笔重新回到基线后停止走纸,此时测量向上波形的振幅和向下波形的振幅是否相等,相等说明对称性好,如图 21-4(b)所示;相差大则对称性差,如图 21-4(a)、图 21-4(c)所示。②基线偏上的对称性试验:其测量方法完全与①相同,不同点只是把描笔调至记录纸中心线以上 8~10mm(即基线位于记录纸中心线以上8~10mm)处进行实验。质量较差的机器,往往是向上的振幅小于向下的振幅,见图 21-4(a)。如果上下振幅的误差不超过 1.5mm,则放大器的对称性误差还是允许的。③基线偏下的对称性测试:方法同上,只要将描笔调至记录纸中心线以下 8~10mm,质量差的机器往往出现向下的振幅小于向上的振幅,见图 21-4(c)。如果上下振幅的误差不超过 1.5mm,则放大器的对称性误差仍是允许的。

5. 走纸速度和时间常数:心电图机的走纸速度一般有 25mm/s 和 50mm/s 两档。走纸速度开关的准确性直接影响对心电图的测量和分析。

测量方法:通电后将基线调至记录纸中心线上,增益调至记录描笔打标 10mm,将操作控制键置"START"状态,开始走纸。经 1 秒左右,记录纸走动平稳后,将 1mV 标准信号键按下不放,同时由另一手按下停表开始计时,4~5 秒后,同时按停表及松开 1mV 标准信号键,然后停止走纸。

根据停表所记录的时间和记录纸在该时间中移动的距离,即可计算出走纸速度,与走纸速度的指示值相比较,两者的差值在 1mm/s 内为正常。

计算记录纸中图纸的振幅从 10mm 下降到 3.7mm 所经过的时间 τ,就是该机的时间常数(图 21-5)。当走纸速度为 25mm/s 时,记录纸每 0.04 秒移动 1 小方格。读出从 10mm 下降到 3.7mm 时记录纸移动的格数 n 乘以 0.04 秒即得 $\tau = n \times 0.04$ 秒。心电图机的时间常数一般为 1.5~3.5 秒。时间常数比 3.5 秒稍大是允许的,低于 1.5 秒则影响心电波形的诊断。

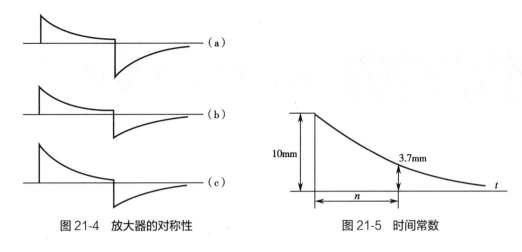

图 21-4 放大器的对称性   图 21-5 时间常数

【注意事项】

1. 测量心电图时若发现描笔高频颤动,表明有噪声存在。此时应该将操作控制键 OPERATING 置于 STOP,检查导线与人体接触是否良好,导线是否接地。

2. 按 1mV 标准信号键时,不要用力过猛,否则容易损坏按钮。

3. 记录描笔在工作时温度比较高,不要用手触摸,以免烫伤。

4. 心电图纸要节约使用。

【思考题】

1. 当导联电极脱落或接触不良时,心电图机的工作情况如何?

2. 在做心电图时,如何减小噪音和漂移干扰?

3. 什么叫心率? 如何计算心率?

(郑海波)

【实验目的】

1. 学会测定透镜焦距的方法。
2. 掌握眼睛成像的光学原理，了解眼睛屈光不正的原因及其矫正方法。

【实验原理】

一、测定透镜的焦距

1. 平行光法　薄透镜成像时，透镜的焦距 f 和物距 u、像距 v 之间有如下的关系

$$\frac{1}{u}+\frac{1}{v}=\frac{1}{f} \qquad 式(22\text{-}1)$$

当平行光入射时，平行光汇聚于焦点处，此时透镜的焦距和像距的数值相等，即 $f=v$，这种测定焦距的方法称为平行光法。

2. 自准直法　如图 22-1 所示，把光源、物屏、透镜 L 和平面镜置于光具座上，使它们的中心等高共轴，让透镜 L 在物屏和平面镜之间移动，直到使物屏上呈现出清晰倒立的实像为止。由光学成像原理可知，透镜 L 和平面镜之间的光应为平行光，透镜与物屏之间的距离即为透镜 L 的焦距。这种可以获得平行光的方法称为自准直法。

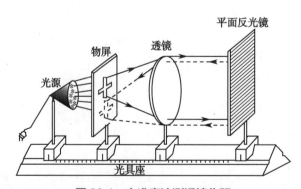

图 22-1　自准直法测透镜焦距

3. 同轴合并法　如果两个薄透镜紧密接触，如图 22-2 所示，物体 P 由透镜 L_1 单独成像于 Q_1，再由透镜 L_2 成像于 Q_2，透镜的厚度可以忽略，则透镜同轴合并成像公式为

$$\frac{1}{u}+\frac{1}{v}=\frac{1}{f}=\frac{1}{f_1}+\frac{1}{f_2}$$ 式(22-2)

式(22-2)中,f_1、f_2为透镜 L_1、L_2 的焦距,f 为组合透镜的等效焦距。由上式可知,当 u 为无穷大时,$f=v$。若 f_2 为已知,则只要测出 v,就可以求得位置透镜的焦距 f_1,即

$$f_1=\frac{ff_2}{f_2-f}=\frac{vf_2}{f_2-v}$$ 式(22-3)

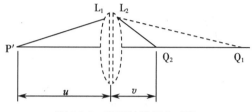

图 22-2 薄透镜的组合成像

二、眼睛的成像原理、屈光不正及矫正方法

正常的眼睛能使物体成像于视网膜上。而眼睛折射能力过强或过弱,眼睛前后距离太长或太短,则眼睛就成了近视眼或远视眼。平行光线进入眼睛将成像于视网膜前或视网膜后,而在视网膜上的像却模糊不清。配戴适当的凹透镜或凸透镜做成的眼镜,可使光线先适当发散或会聚再进入眼睛并成像于视网膜上,使非正常眼得到矫正。

若眼睛折射系统不同方向的曲率半径不同,则对应的聚焦能力也不同,因此产生像散,这种眼称为散光眼,其矫正的方法是配戴适当的圆柱透镜做成的眼镜。如图 22-3 所示,由于眼球水平方向会聚能力太弱,故应配戴凸圆柱透镜,使相互垂直的光线同时成像于视网膜处。

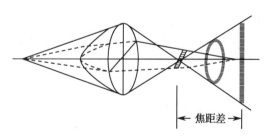

图 22-3 散光眼成像

常用焦距 f 的倒数表示透镜的折射本领,称为焦度。当焦距为 $f=1$ 米时,则其焦度 $\frac{1}{f}=1$ 屈光度。在配戴眼镜时,焦度又常用度作为单位,1 屈光度等于 100 度。

本实验将凸透镜模拟为眼的折射系统(在实验中将透镜 A、B、C、D 简称为 A 眼、B 眼、C 眼、D 眼;透镜 A、B、C 为凸透镜,分别模拟正常眼、近视眼、远视眼;D 为正交方向曲率不等的凸圆柱面透镜,模拟散光眼;E 为凹透镜,模拟近视眼镜;F 为凸透镜,模拟远视眼镜;G 为圆柱透镜,模拟矫正散光眼的眼镜),利用透镜的成像来研究眼镜成像原理及其缺陷的矫正方法。

【实验器材】

光源、物屏、凸透镜、平面反射镜、光具座、透镜夹、像屏、透镜组。

【实验步骤】

1. 观察配有编号的各透镜的外形,判断透镜的类型。

2. 如图 22-4 所示,将物屏"+"、透镜 L 与平面镜置于光具座上,使平面镜反光面朝向 L,调节它们的位置,使它们等高共轴。接通电源,利用自准直法前后移动 L,直到屏上出现清晰的倒立实像为止。这时,发光体发出的光经过透镜 L 后成为平行光。

3. 固定物屏及透镜 L 的位置,如图 22-4 所示的顺序将 A 镜及像屏 K 置于光具座上。前后移动像屏,直到像屏上所成的像清晰为止。从光具座标尺上读出并记录 A、K 之间的距离,即为 A 镜的焦距。重复测量三次,取其平均值 f_A。

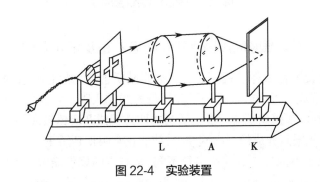

图 22-4   实验装置

L   A   K

分别将透镜 B、C 替换 A,重复上述步骤,测出 B、C 的焦距,重复三次,求其平均值 f_B、f_C。

4. 将透镜 A、B、C 模拟为眼睛,A 为正常眼,则 A 的焦点像屏 K 位置就是视网膜的位置。将 A 镜和屏 K 的位置固定,则以 B 镜和 C 镜替换 A 镜,则屏上的像会模糊不清;若将屏 K 前后稍做移动,又能形成清晰的像。请判断 B 镜和 C 镜各为何种模拟眼。

5. 将 E 镜与 B 镜紧密接触于 A 眼位置,并使像屏 K 置于正常眼视网膜位置,若在屏上得到清晰的像,则 E 镜就是矫正 B 眼的缺陷。由于透镜 B 的焦距 f_B 已测出,E、B 同轴合并的像距 $v=f_A$,则可以利用公式(22-3)求出 f_E,并换算出 E 镜的度数。

6. 用 F 镜、C 镜分别取代 E 镜与 B 镜,重复步骤 5,观察 C 眼的矫正情况,并求出 f_F 和 F 镜的度数。

7. 还原正常眼 A 成像过程,将散光眼 D 镜置于透镜 A 前,观察散光眼的成像情况。然后,将矫正散光眼 G 靠近 D 镜,并缓慢旋转 G 镜,观察成像情况,直至出现清晰的像为止。这样,观察散光眼的矫正过程。

8. 数据记录与处理   在表 22-1 中填写测量数据,并计算结果。

参 考 数 据:$f_L=+25.0cm$,$f_A=+15.0cm$,$f_B=+10.0cm$,$f_C=+20.0cm$, 散 光 眼 $f_D=-15.0cm$,$f_E=-26.5cm$,$f_F=+60.0cm$,矫正散光眼 $f_G=+15.0cm$(凸圆柱透镜)。

表 22-1　各透镜的焦距测量数据表　　　　　　　　单位:cm

次数	f_{L}	f_{A}	f_{B}	f_{C}	f_{E}	f_{F}
1						
2						
3						
平均值						

【注意事项】

1. 注意在拿镜片的时候要拿镜片边缘保护处,要轻拿轻放。将镜片放入光具座支架时,要放稳后再松手,防止镜片脱落。

2. 周围光线不要太强,最好在暗室里进行实验。

3. 平面反光镜距离光源的距离不可离得太远,以免进入透镜的光线太少,看不清楚成像。

4. 测量焦距时,注意来回调整,选择图像最清晰处时的位置,作为焦距成像的位置。

【思考题】

1. 在实验步骤 7 中,为使像屏 K 上得到一个清晰的像,为什么要缓慢旋转 G 镜?

2. 在实验步骤 5 中,E 镜与 B 镜紧密接触于 A 眼位置。请问如果 E 镜与 B 镜不紧密接触而是有一段距离,那么对于矫正是否有影响?

（盖志刚）

实验二十三　自组望远镜和显微镜

【实验目的】

1. 掌握透镜的成像规律,设计组装望远镜、显微镜。
2. 了解望远镜及显微镜的工作原理。
3. 学会用望远镜测量透镜焦距。

【实验原理】

1. 望远镜的成像原理　望远镜的光路如图 23-1 所示。无穷远处的物体发出的平行光线经物镜 L_1 成实像 O′ 于 L_1 的焦平面处(处于目镜 L_2 的焦点 F_2 内),分划板 P 也处于 L_1 的焦平面处,则 O′ 与分划板 P 重合。如物不处于无穷远处,则 O′ 与 P 位于 F_1 之外。人眼通过目镜 L_2 看 O″ 的过程与显微镜的观察过程相同。由此可见,人眼通过望远镜观察物体,其实也起到了视角放大的作用,相当于将远处的物体拉到了近处观察。

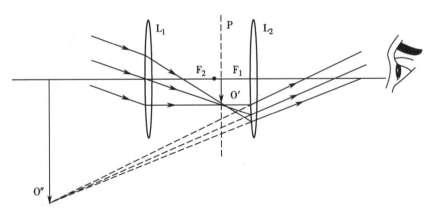

图 23-1　望远镜的光路图

2. 显微镜的成像原理　显微镜的放大率大概在几百倍左右,其光路如图 23-2 所示。物镜 L_1 的焦距非常短(f_1<1cm),目镜 L_2 的焦距大于物镜的焦距,但也不超过几厘米。物屏 O 放在物镜焦点 F_1 外一点,调节 O 与 L_1 之间的距离,使其通过物镜 L_1 成一个放大、倒立的实像 O′ 于分划板(像屏)P 处,再通过目镜 L_2 观察像 O′。先调节目镜 L_2 与分划板 P 之间的距离,以使人眼看清分划板 P,也同时看清了像 O′。而目镜 L_2 起到了一个放大镜的作用,最终,将 O′ 成一个倒立且放大的虚像 O″(分划板 P 也同时成放大的虚像 P′,并与 O″ 重合)。虚像 O″ 即人眼最后看到的由物 O 所成的像。

162

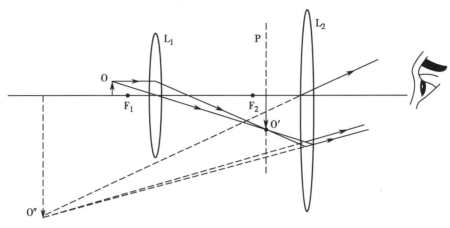

图 23-2　显微镜的光路图

【实验器材】

由若干凸透镜、凹透镜、物屏、分划板(像屏)、光具座、支架等组成的实验装置,如图 23-3 所示。

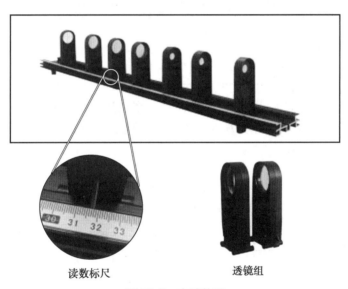

读数标尺　　　　透镜组

图 23-3　实验装置

【实验步骤】

1. 组装一台聚焦于无穷远处的望远镜　选择本实验所需的器件,并将名称填入实验报告中。因聚焦于无穷远处的望远镜要求分划板与物镜之间的距离等于物镜的焦距,因此该实验首先需要测量物镜的焦距。测量光路图如图 23-4 所示。

为简单起见,用物屏 O 上的 A 点代表"物",分划板 P 充当像屏。实验时要注意消除视差,即先调节 L_e 与 P 之间的距离,以看清分划板。再前后移动 L_o(可先将物屏放在与 P 之间距离大于物镜 4 倍焦距之外,物镜的焦距可先粗略测一下),看清像 A′ 后,眼睛上下移动,再

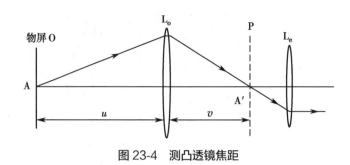

图 23-4　测凸透镜焦距

轻轻移动 L_o，直至 A′ 与分划板上的分划线无相对移动为止。此时记下物屏的位置读数、分划板 P 的位置读数及凸透镜 L_o 的位置读数，由此算出物距 u 和像距 v，代入成像公式 $\dfrac{1}{u}+\dfrac{1}{v}=\dfrac{1}{f}$ 即可算出凸透镜 L_o 的焦距 f_0。

在实际测量时，可固定物屏 O 和分划板 P，移动凸透镜 L_o 进行多次重复测量，将测量数据填入表 23-1 中。然后调节物镜，使其与分划板之间的距离为 f_0，这就构成了一台聚焦于无穷远处的望远镜。

表 23-1　自组望远镜物镜焦距　　　　　　　　　　　　　　　　　　　单位：cm

次数	1	2	3	4	5
物距 u					
像距 v					
焦距 f_0					

2. 用自组聚焦于无穷远处的望远镜测量另一个凸透镜的焦距　因该望远镜是一个聚焦于无穷远处的望远镜，因此，用其观察物体时，入射光必是平行光，否则看不清物体。测量的参考光路如图 23-5 所示。

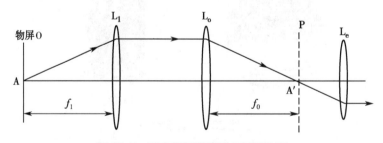

图 23-5　用自组望远镜测凸透镜焦距

实验时可固定物屏 O，调节待测凸透镜 L_1 与物屏之间的距离，直至人眼通过望远镜看清物 A 的像 A′（且消除视差）为止。则 L_1 至物屏之间的距离即为 L_1 的焦距 f_1。

在实测时，可固定物屏 O，对凸透镜 L_1 进行多次重复测量，将测量数据填入表 23-2 中。

表 23-2　望远镜测凸透镜焦距　　　　　　　　　　　　　　　　　　　单位：cm

次数	1	2	3	4	5	平均值
f_1						

3. 用自组的聚焦于无穷远的望远镜测量凹透镜焦距　如图 23-6 所示,在实验步骤 "2" 的基础上,将物屏 O 向左移动,将待测凹透镜 L_2 插入,前后移动 L_2,直至眼睛通过望远镜看清 A′,且消除视差。由光路图可看出

$$|f_2| = v - d$$

因 L_1 的焦距 f_1 由实验步骤 "2" 已测出,只要测出 L_1 的物距 u,就可由成像公式算出 v,再测出 L_1 与 L_2 之间的距离 d,则可算出凹透镜 L_2 的焦距 f_2。

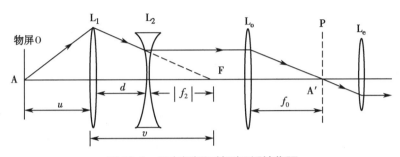

图 23-6　用自组望远镜测凹透镜焦距

在实测时,可固定物屏和凸透镜 L_1,移动凹透镜 L_2 的位置进行多次重复测量,将测量数据填入表 23-3 中。

表 23-3　望远镜测凹透镜焦距　　　　　　　单位:cm

次数	1	2	3	4	5	平均值
u						
v						
d						
f_2						

4. 自组显微镜　在所给的光学元件中选出焦距最短的凸透镜作为物镜,另一个短焦距凸透镜作为目镜,在实验中可通过改变分划板与物镜之间的距离来改变显微镜的放大率。

该步骤为自组与观察性实验,不要求定量的测量。

【思考题】

1. 显微镜和望远镜的成像原理是什么?
2. 如何计算显微镜的放大率?

（高　杨）

【实验目的】

1. 掌握使用旋光仪测量旋光性溶液浓度的原理。
2. 熟悉旋光仪的结构。
3. 学会旋光仪的使用方法，测量旋光性溶液的旋光度、计算旋光率和浓度。

【实验原理】

线偏振光通过某些透明物质后，其振动面将旋转一定的角度，这种现象称为旋光现象。旋转的角度 φ 称为旋光度。能够使线偏振光振动面发生旋转的物质，称为旋光物质。面对传来光波的方向，不同的旋光物质可以使线偏振光的振动面沿顺时针方向旋转或逆时针方向旋转，由此将旋光物质分为右旋物质和左旋物质。

线偏振光通过旋光性溶液（如葡萄糖溶液）时，旋光度 φ 与溶液的浓度 c、光在溶液中穿过的距离 l、温度 t 及入射光波长 λ 有关。线偏振光通过某种旋光性溶液的旋光度

$$\varphi = [\alpha]_\lambda^t cl \qquad\qquad 式(24\text{-}1)$$

式中，$[\alpha]_\lambda^t$ 是该溶液中旋光物质的旋光率。在一定温度 t 下，对于一定的入射光波长 λ，旋光率 $[\alpha]_\lambda^t$ 数值上等于线偏振光通过单位长度（1mm）、单位浓度（每毫升溶液中含有 1g 溶质）的溶液后，其振动面旋转的角度。

同一旋光物质对不同波长的光有不同的旋光率。在一定的温度下，其旋光率与入射光波长 λ 的平方成反比，且随波长的减小而迅速增大，这种现象称为旋光色散。考虑到这一情况，通常采用钠黄光的 D 线（波长 $\lambda = 589.3\text{nm}$）测定旋光率。

同时还要注意温度改变对于旋光率的影响。用钠黄光 D 线测定时，对于大多数物质，温度每升高或降低 1℃，其旋光率约减小或增加 0.3%。对于要求较高的测定，最好能在室温（20 ± 2）℃的环境进行。

1. 比较法测量旋光性溶液的浓度　测量不同浓度但同种旋光物质的溶液时，如果不知道该种旋光物质的旋光率 $[\alpha]_\lambda^t$，仍可以利用已知溶液的浓度来测定未知溶液的浓度，称为比较法，其原理如下。

设 c_0、l_0、φ_0 与 c_x、l_x、φ_x 分别为已知溶液和待测溶液的浓度、长度、旋光度，代入式（24-1）得

$$\varphi_0 = [\alpha]_\lambda^t c_0 l_0 , \ \varphi_x = [\alpha]_\lambda^t c_x l_x$$

二式相除

$$\frac{\varphi_x}{\varphi_0} = \frac{c_x l_x}{c_0 l_0}$$

整理可得

$$c_x = \frac{\varphi_x l_0}{\varphi_0 l_x} c_0 \qquad\qquad 式(24\text{-}2)$$

已知 c_0，测得 φ_0、φ_x、l_0、l_x 后，由式（24-2）即可求出待测溶液的浓度 c_x。

2. 旋光曲线法测量旋光性溶液的浓度　待测溶液的浓度还可由 φ-c 曲线（又称旋光曲线）查出。其方法是：在旋光性溶液液体层厚度 l 和温度 t 不变时，依次改变溶液的浓度 c，测出相应的旋光度 φ，然后画出 φ-c 曲线（即旋光曲线），则得到一条直线，其斜率为 $[\alpha]_\lambda^t l$。根据 φ-c 曲线，只要测量未知溶液的旋光度 φ_x，可查出对应的浓度 c_x，由斜率也可以间接算出旋光率 $[\alpha]_\lambda^t$。

3. 最小二乘法求旋光性溶液的浓度　由最小二乘法也可求旋光率 $[\alpha]_\lambda^t$ 及浓度 c。设 φ/l 与 c 之间的经验公式为

$$\varphi/l = bc + a \qquad\qquad 式(24\text{-}3)$$

根据最小二乘法原理（参见实验绪论中相关内容），则有

$$[\alpha]_\lambda^t = b = \frac{\overline{c \cdot \varphi/l} - \overline{c} \cdot \overline{\varphi/l}}{\overline{c^2} - \overline{c}^2} \qquad\qquad 式(24\text{-}4)$$

$$a = \overline{\varphi/l} - b\overline{c} \qquad\qquad 式(24\text{-}5)$$

所以，只要由实验数据求得 $\overline{c}$、$\overline{\varphi/l}$、$\overline{c \cdot \varphi/l}$、$\overline{c^2}$ 和 $\overline{c}^2$，即可利用式（24-4）和式（24-5）计算出 b 和 a，从而得到旋光度 φ 和浓度 c 之间的经验式（24-3）。将未知浓度溶液的旋光度 φ_x 代入已整理的经验式（24-3）后，即可求出未知溶液的浓度 c_x。最后，可利用相关系数 r 来检查所得的经验公式是否合理

$$r = \frac{\overline{c \cdot \varphi/l} - \overline{c} \cdot \overline{\varphi/l}}{\sqrt{\left(\overline{c^2} - \overline{c}^2\right)\left[\overline{(\varphi/l)^2} - \left(\overline{\varphi/l}\right)^2\right]}} \qquad\qquad 式(24\text{-}6)$$

【实验仪器】

旋光仪、专用试管等。旋光仪对旋光度的测定可供一般的成分分析使用，可确定物质的浓度、纯度、含量等。其的结构如图 24-1 所示，其中刻度盘和检偏镜合为一体，借助手轮的转动同步旋转。下面将对旋光仪的几个主要部件的原理加以说明。

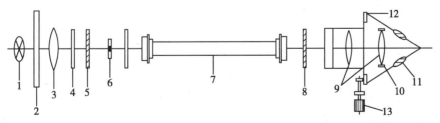

1. 光源；2. 毛玻璃；3. 聚光镜；4. 滤色片；5. 起偏器；6. 半荫板（或三荫板）；7. 专用试管；8. 检偏器；9. 物镜、目镜组；10. 聚焦旋钮；11. 读数放大镜；12. 刻度盘及游标；13. 刻度盘转动手轮。

图 24-1　旋光仪光学结构示意图

1. 起偏器、检偏器   起偏器和检偏器是同一种光学器件在两种不同使用场合下的称谓,常由偏振片构成。偏振片只允许沿某一确定方向振动的光波通过,这一振动方向称为该偏振片的偏振化方向。当起偏器和检偏器的偏振化方向相互垂直时,根据马吕斯定律 $I = I_0\cos^2\theta$ (其中 I_0 为入射检偏器前的光强,I 为从检偏器射出的光强,θ 为偏振光的偏振化方向与检偏器的偏振化方向的夹角),此时夹角 θ 为 90°,出射光强 I 为最小值,因而通过观测镜看到的应是一个最暗的视场。一些测量精确度不高的旋光仪就是利用这一现象来测量旋光度 φ。其原理为:先在不放入测试管的情况下,调节手轮带动检偏器旋转,使检偏器偏振化方向与起偏器的偏振化方向相互正交,实现消光状态,在望远镜目镜中看到的视场最暗。然后装入旋光性溶液试管,视场稍变亮。调节手轮带动检偏器旋转,使视场重新达到最暗,此时检偏器旋转过的角度即是被测旋光性溶液的旋光度 φ。

2. 三荫板(或半荫板)   因为人的眼睛难以准确地判断视场是否是最暗视场,所以为了增强人眼判断的准确性,需要借助三荫板(或半荫板)建立起唯一确定的视场,以此作为判断检偏器旋转角度 φ 的始点和终点的标准。

三荫板如图 24-2(b)所示(或半荫板如图 24-2(a)所示),是由玻璃片与石英片胶合成的透光片。从起偏器得到的偏振光通过三荫板(或半荫板)时,透过玻璃部分,光的振动方向保持不变;透过石英部分,由于石英的旋光性,偏振光的振动方向则旋转了某个角度 2θ。所以玻璃部分与石英部分线偏振光振动方向不同,振动面间夹角为 2θ。

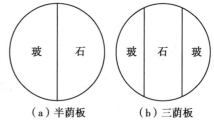

图 24-2   半荫板和三荫板

如果用 OP 表示偏振光透过玻璃的偏振化方向,OP' 表示透过石英的偏振化方向,OA 表示检偏器的偏振化方向。由图 24-3 可知,当转动检偏器时,通过玻璃和石英的偏振光在检偏器偏振化方向上投影 A_p 和 A_p' 的大小将发生变化,即目镜观测视场中将出现交替变化的明暗光强(见图 24-3 的下半部)。图 24-3 中列出了四种情形。

在图 24-3(a),投影分量 $A_p > A_p'$,三荫板(或半荫板)中石英片对应的面积为暗区,其余部分为亮区,视场特点为中央暗两侧亮(或左边亮右边暗)。

在图 24-3(b),投影分量 $A_p = A_p'$,三荫板(或半荫板)中石英与玻璃分界线消失,此时视场为亮度均匀且较暗的均匀视场。因为在暗视场条件下,人眼分辩亮度差别能力更强,本实验以此均匀暗视场作为读数位置。

在图 24-3(c),投影分量 $A_p < A_p'$,三荫板(或半荫板)中石英片对应的面积为亮区,其余部分为暗区,视场特点为中央亮两侧暗(或左边暗右边亮)。

在图 24-3(d),投影分量 $A_p = A_p'$,三荫板(或半荫板)石英与玻璃分界线消失,亮度均匀且较亮的均匀视场。本实验需要排除这个观测位置。

综上所述,当检偏器转过 180°,观测视场中会出现上述四种观测状态的一个连续变化。

三荫板(或半荫板)旋光仪的测量原理:不放测试管时先找到均匀暗视场,以此时检偏器偏振化方向所指向的位置作为刻度盘的零点。记录下此时的读数(即零点校正值,本身有正、负之分,属旋光仪的系统误差)。装入旋光性溶液的测试管后,线偏振光通过测试管,振动面转过角度 φ,原来的均匀暗视场被破坏。旋转改变检偏器偏振化方向使均匀暗视场重

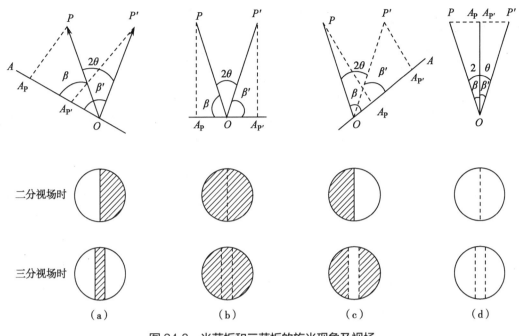

图 24-3　半荫板和三荫板的旋光现象及视场

新出现,检偏器转过的角度即为被测试溶液的旋光度 φ。

3. 游标　旋光仪对旋光度精确的测定是利用刻度盘上的游标进行的。如图 24-4 所示,常用的是 1/20 的游标,可以读出 1° 的 $\frac{1}{20}$,即主尺上 19 个最小分度所对应的总角度值与游标的 20 个分度所对应的总角度值相等。若主尺每一最小分度值为 1°,则游标的每个最小分度值为 $\frac{19}{20} = 0.95°$,这时主尺的最小分度值与游标的最小分度值之差是 $1 - \frac{19}{20} = 0.05°$。读数时,先观察游标的零点刻线前主尺的读数,此读数为测量值的整数,然后再看游标的哪一个刻度和主尺的某一刻度对准,此读数为测量值的小数,两者之和就是测量值。本实验仪器采用双游标对称读数(即在刻度盘上有两个读数窗),角度的数值应取两窗读数的平均值。

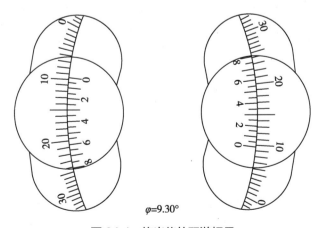

$\varphi = 9.30°$

图 24-4　旋光仪的双游标尺

【实验步骤】

1. 旋光仪的调节

(1)将旋光仪接通电源,待钠光灯正常发光后,即可开始测量。

(2)调节旋光仪的目镜焦距,使视场清晰,肉眼能看清视场中三荫板(或半荫板)的分界线。

(3)通过调节刻度盘转动手轮,改变检偏器偏振化方向,观察并熟悉视场明暗变化的规律。旋光仪测量室不放任何试管,找出弱照度的均匀暗视场,记下此时刻度盘的左右读数窗示数 φ_L 和 φ_R,取平均值,得到起点读数 $\varphi = \dfrac{\varphi_L + \varphi_R}{2}$ 即零点校正值。

(4)将蒸馏水试管放入旋光仪的测量室中,重新找到零度视场位置,判断此时零点位置读数和不放试管时是否有差别,检验蒸馏水是否具有旋光现象。

2. 比较法测定旋光性溶液的浓度

(1)在旋光仪测量室中未放测试管(或放进充满蒸馏水的测试管1),找出弱照度的均匀视场(零度视场),记下此时刻度盘的左右读数窗示数 φ'_L 和 φ'_R,取平均值,得到起点读数 $\varphi' = \dfrac{\varphi'_L + \varphi'_R}{2}$ 即零点校正值,将数据填入表24-1。

(2)将管长为 l_0、盛满已知浓度 c_0 的葡萄糖溶液的测试管放入旋光仪测量室中(本实验 c_0 可取标准 $0.05\text{g}/\text{cm}^3$ 浓度葡萄糖溶液)。观察视场的变化,缓慢旋转调节手轮使视场恢复到均匀暗视场。记下此时刻度盘的左、右读数窗示数 φ'_{0L} 和 φ'_{0R},并计算此时的角度值 $\varphi'_0 = \dfrac{\varphi'_{0L} + \varphi'_{0R}}{2}$,则已知浓度葡萄糖溶液 c_0 的旋光度 $\varphi_0 = \varphi'_0 - \varphi'$,将数据填入表24-1。

(3)换置另一管长为 l_x、盛满未知浓度 c_x 的同种溶液的测试管,重复步骤(2),测其旋光度 $\varphi_x = \varphi'_x - \varphi'$,将数据填入表24-1。

(4)重复步骤(1)~(3)五次,记下相应的数据,计算 φ_0、φ_x 的平均值。

(5)根据式(24-2),用比较法求出待测葡萄糖溶液的未知浓度 c_x 值。

(6)根据式(24-1)求出该旋光性溶液的旋光率 $[\alpha]^t_\lambda$。

表24-1 比较法测量数据

	无试管 (或蒸馏水)			已知浓度葡萄糖溶液				未知浓度葡萄糖溶液			
管长 /cm											
次数	φ'_L	φ'_R	φ'	φ'_{0L}	φ'_{0R}	φ'_0	φ_0	φ'_{xL}	φ'_{xR}	φ'_x	φ_x
1											
2											
3											
4											
5											

φ_0 的平均值 $\overline{\varphi_0} = $ _____ ;φ_x 的平均值 $\overline{\varphi_x} = $ _____ ;待测液体浓度 $c_x = \dfrac{\overline{\varphi_x} \cdot l_0}{\overline{\varphi_0} \cdot l_x} c_0 = $ _____ ;

旋光率 $[\alpha]^t_\lambda = $ _____ 。

3. 旋光曲线法测定旋光性溶液的旋光率和浓度

(1)记录旋光物质的温度和光波波长。

(2)将纯净的待测物质(如葡萄糖)事先配制成不同百分浓度的溶液,分别注入同一长度的测试管中。测不同浓度的偏转角度各五次,将测量数据记录在表 24-2 中。

(3)根据数据处理结果,在坐标纸上作 φ - c 曲线,并由旋光度 φ ,在曲线上求未知浓度 c_x 。

4. 应用最小二乘法求旋光率和浓度 在测量数据记录表 24-2 中,由最小二乘法式 (24-4)求 $[\alpha]_\lambda^t$,式(24-6)求相关系数 r ,由 φ / l 与 c 之间的经验式(24-3)求 c_x 。

表 24-2 旋光曲线法、最小二乘法数据

$\lambda =$ _____ nm, $T =$ _____ ℃,零点校正值: $\varphi_{\text{L校}} =$ _____ $\varphi_{\text{R校}} =$ _____

浓度 $c/(\text{g/cm}^3)$		H_2O	0.02	0.04	0.06	0.08	0.10	x
管长 l/cm								
φ_L	1							
	2							
	3							
	4							
	5							
$\overline{\varphi_L}$								
φ_R	1							
	2							
	3							
	4							
	5							
$\overline{\varphi_R}$								
$\varphi_{\text{L修}}$								
$\varphi_{\text{R修}}$								
$\varphi = \dfrac{\varphi_{\text{L修}} + \varphi_{\text{R修}}}{2}$								
φ / l (或 $\overline{\varphi / l}$)								

注: $\varphi_{\text{L修}} = \overline{\varphi_L} - \varphi_{\text{L校}}$, $\varphi_{\text{R修}} = \overline{\varphi_R} - \varphi_{\text{R校}}$ 。

【注意事项】

1. 溶液应尽量装满测试管,残存的气泡应调整到测试管中凸出部分,使其不影响光线通过溶液的光路。

2. 注入溶液后,试管和试管两端透光窗均应擦干净才可放入旋光仪测量室。

3. 试管的两端经精密磨制,以保证其长度为确定值,使用时应十分小心,以防损坏试管;使用完毕后,取出的试管要原样放回试管盒。

【思考题】

1. 左旋与右旋有什么区别? 视野中出现均匀暗视场,读数为右旋10°,也可说为左旋170°,那么怎样判断应取哪个读数? (即如何判断是左旋还是右旋物质)

2. 进行零点校正的目的是什么? 作空白实验(测试管中只装溶剂)的目的是什么? 在什么情况下可以省去空白实验? 零点校正能不能省去?

3. 为什么采用双游标读数?

（张 宇）

【实验目的】

1. 掌握模拟 CT 实验仪器的操作方法。
2. 熟悉 CT 成像的基本原理,体素、灰度等概念,CT 值的计算。
3. 学会迭代法的计算方式。

【实验原理】

1. 朗伯定律(Lambert's law)　单色平行 X 射线束通过物质时,沿入射方向 X 射线强度的变化服从指数衰减规律,即

$$I_1 = I_0\,\mathrm{e}^{-\mu d} \qquad\qquad 式(25\text{-}1)$$

式中,I_0 为入射 X 射线的强度,I_1 是通过厚度为 d 的物质层后的射线强度,μ 称为线性衰减系数。本实验使用激光替代 X 射线模拟 CT 扫描,硅光电池转换的电压表示激光照度来模拟射线的强度。

2. CT 值的计算　X 射线穿射人体后其强度的变化规律符合朗伯定律,如式(25-1)所示。此处 μ 为人体小体素的线性衰减系数,d 为所取人体小体素单位的长度。由于人体各个组织的密度并不均匀,那么把人体分成无数个小体素后,每个体素的线性衰减系数 μ 也并不相同,如图 25-1 所示。

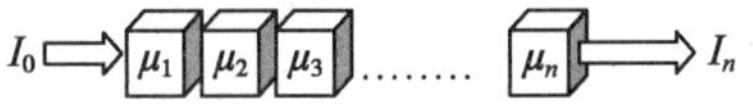

图 25-1　沿 X 射线入射方向的体素及衰减系数

由此可得方程:

$$I_n = I_0\mathrm{e}^{-(\mu_1+\mu_2+\cdots\cdots+\mu_n)d}$$

两边同除 I_0 并取对数得

$$\mu_1 + \mu_2 + \cdots + \mu_n = -\frac{1}{d}\ln\frac{I_n}{I_0}$$

经 CT 重建的图像是衰减系数 μ 的分布。但人体内大部分软组织的 μ_t 都与水的 μ_w 很接近。水的 μ_w 为 0.19/cm,脂肪的 μ_f 为 0.18/cm,两者仅差 0.01/cm,其差值约为水的 μ_w 值的 5%。若直接以这些 μ 值成像,则软组织间的差异很难用他们来区别。为了显著的反映组织间的差异,引入 CT 值,它的定义为:

$$CT = 1\,000 \times \frac{\mu_t - \mu_w}{\mu_w} \qquad\qquad \text{式}(25\text{-}2)$$

式(25-2)中 μ_t、μ_w 分别为组织及水的线性衰减系数。CT 值又称为 Hounsfield 数,简称 H。显然,水的 H 为 0,当 $H>0$,表示 $\mu_t>\mu_w$;当 $H<0$,表示 $\mu_t<\mu_w$。表 25-1 列出了人体不同组织的 CT 值。

表 25-1　人体不同组织的 CT 值

组织分类	CT 值	组织分类	CT 值
空气	−1 000	脑灰质	36~46
脂肪	−100	脑白质	22~32
水	0	软组织	50~150
血液	10~80	骨骼	200~1 000

3. 迭代法重建图像　经断层扫描后我们知道了某一层每个小体素单元的 CT 值。按 CT 值重建图像时要经过复杂的计算。本实验采用一种简单的图像重建方法——迭代法,并可通过此方法理解 CT 机的计算过程。

采用迭代法的目的是寻找二维分布密度函数,使它与检测到的投影数据相匹配。其流程为:先假设一个最初的密度分布(如假设所有各点的值为 0),根据这个假设得出相应的投影数据,然后与实测到的数据进行比较。如果不符,就根据所使用的迭代程序进行修正,得出一个修正后的分布,这就是第一次迭代过程。以后就可以把前一次迭代的结果作为初始值,进行下一次迭代。在进行了一定次数的迭代后,如果认为所得结果已足够准确,则图像重建过程就到此结束。

一种最简单的迭代法是代数重建技术。如图 25-2(a)所示,是由四个像素组成的图像,若四个像素的值分别为 μ_1、μ_2、μ_3、μ_4,则可以分别获得包括两个水平方向、两个垂直方向和两个对角线方向的 6 个投影数据,设测得的对应投影分别是 12、8、11、9、13 和 7。

迭代开始,可先令所有的重建单元的值为 0,第一步计算出垂直方向的投影值分别都是 0,如图 25-2(b)所示。把这个计算值与实测值 11 和 9 相比较后,将其差值除以 2 以后分别加到相应的单元上,就可得到垂直方向的迭代结果,分别为 $\mu_1 = \mu_3 = 0 + \dfrac{11-0}{2} = 5.5$,$\mu_2 = \mu_4 = 0 + \dfrac{9-0}{2} = 4.5$,如图 25-2(c)所示。在此基础上可以再进行水平方向的迭代,此时有计算值 10、10,实测值为 12、8,将它们比较后求出差值除以 2:分别为(12-10)/2、(8-10)/2,分别加到有关的像素上去,结果如图 25-2(d)所示。最后再进行对角线方向的迭代,结果如图 25-2(e)所示,就得到了所要求的真实数据:$\mu_1=5$、$\mu_2=7$、$\mu_3=6$、$\mu_4=2$。实际上,要求重建的矩阵很大,因此迭代法非常耗费时。

实际利用 CT 实验仪扫描过程中,需要从一个横断面的许多视角入射 X 射线,以便测得大量"衰减系数之和",即所谓数据采集过程。利用各单元体的衰减系数即可建立体层图像。

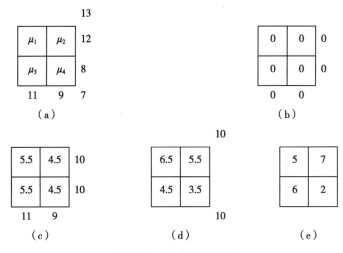

图 25-2　迭代法的过程

【实验器材】

模拟 CT 实验仪及配套样品。

【实验步骤】

1. 实验前准备　实验前请检查以下配件是否备齐:游标卡尺,万用表,串口线,电源线,八面体若干,三个长度不等的有机玻璃长方体,四方块一个,实验软件一套。

2. 观看多媒体教学片　打开图标"CT 原理简介"观看多媒体教学片。理解 CT 成像原理,学会图像重建的迭代法原理。

3. 计算机模拟断层扫描实验。

(1)打开模拟 CT 实验仪,预热 5 分钟。

(2)打开实验仪配套软件,进入模拟 CT 实验软件主界面。

(3)万用表测量

1)将万用表接在仪器的电压输出端,将三个长度不等的蓝色长方体按顺序依次放入载物托上,用激光穿射蓝色长方体平滑面,每穿射一次从万用表上读取一次电压值,并将数据填写到相应的文本框中。

2)用游标卡尺测量三个蓝色长方体的长度,将其输入相应的文本框。根据朗伯定律自行推导 μ 值并填入文本框。

3)填写实验报告,并用计算机验证计算结果。如有错误,按计算机提示进行更正。

本项实验结束返回主窗体。

(4)自动测量

1)将三个长度不等的蓝色长方体按电脑界面图示要求放入载物托上,用激光穿射蓝色长方体平滑面,每穿射一次用计算机进行采集电压值,并将数据自动保存到相应的文本框中。

2)用游标卡尺测量三个蓝色长方体的长度,输入相应的文本框,点"运算",由计算机给出 μ 值,进行校验数据,如有错误请重新采集数据。

本项实验结束返回主窗体。

（5）灰度的认识：可自行在文本框中输入 0~255 的整数，电脑界面即可出现相应的灰度，按住鼠标左键可任意移动灰度框，可以比较两个相近的灰度是否能被人眼区分。回答问题并写实验报告。

本项实验结束返回主窗体。

（6）迭代法测 CT 值

1）将四方块放置在载物托上，按电脑界面图示的四条光路进行数据采集，第五次不穿过任何物体进行采集，由计算机读入数据。

2）点选"自动计算 μ 值"，由计算机根据前一步采集的数据计算四种介质的 μ 值。

3）点选"自动计算 CT 值"，将四种介质 μ 值转化为相应的 CT 值。

4）前几步准确无误后即可重建四方块的灰度图像。

按要求回答问题并填写实验报告。本项实验结束返回主窗体。

（7）窗宽窗位的认识

1）先观看电脑界面有关窗宽、窗位的说明，将前次实验的四方块中 A、B、C、D 四种介质的 CT 值输入文本框，再次重建图像。

2）电脑界面图为人体各组织的 CT 值分布图，调节左侧的窗宽滚动条或窗位滚动条可以观察重建图像的灰度变化，窗宽和窗位的变化情况也可直接反映在图中，以加深理解窗宽和窗位的概念。

按要求回答问题并填写实验报告，本项实验结束，返回主窗体。

（8）16 个体素单元的图像重建

1）用若干个八面体在载物台上任意摆放某一图形。进行电压校准，分别采集无八面体、一个八面体、两个八面体、三个八面体穿射时的电压值，计算其平均参考电压值。

2）按照电脑界面图示要求，左上侧为进行 22 次测量的方位标志图，必须按给出的测量前后顺序对八面体进行 22 次的电压采集，类似于真正 CT 对人体进行扫描，采集的电压及穿过的八面体个数分别显示在电脑界面右上侧的文本框中。

3）采集完毕后，进行图像重建，如实验过程中操作无误，即可获得正确的重建图像。

本项实验结束，返回主窗体。

【注意事项】

1. 开机前应检查仪器是否正常。

2. 开机待机 5 分钟后再进行实验。

3. 激光照射待测物有一定的反射，反射回来的光束要对准激光器发射中心。

4. 做灰度认识实验前先将显示器的亮度和对比度均调整到50%。

5. 本仪器采集电压范围为 0~5V，由于四方块和八面体的工艺问题，激光照射后有部分散色光或反色光，导致在实验过程中采集电压过大，此时需要请重新采集数据。

6. 实验结束后请退出操作界面后再关闭仪器。

7. 实验中若需要保存实验结果，请点击"保存数据"按钮，当前界面会自动保存在计算机的 E 盘目录下，此实验数据可供查阅和打印。

【思考题】

1. 在 CT 值的定义中,哪种物质的 CT 值为零? 其衰减系数等于多少?
2. 在测量蓝色长方体 μ 值的过程中,长方体在载物台上的摆放有何要求?

（梁媛媛）

附录一　物理学单位

附表 1　国际单位制（SI）的基本单位

量	名称	符号
长度	米	m
质量	千克	kg
时间	秒	s
电流	安培	A
热力学温度	开尔文	K
物质的量	摩尔	mol
发光强度	坎德拉	cd

附表 2　国际单位制（SI）的辅助单位

量	名称	符号
平面角	弧度	rad
立体角	球面度	sr

附表 3　国际单位制（SI）的导出单位

量	名称	符号（中文）	符号（英文）	量	名称	符号（中文）	符号（英文）
速度	米每秒	米/秒	m/s	重度	牛顿每立方米	牛/米^3	N/m^3
加速度	米每平方秒	米/秒^2	m/s^2	黏度	帕斯卡秒	帕·秒	Pa·s
角速度	弧度每秒	弧度/秒	rad/s	能、功	焦耳	焦	J
角加速度	弧度每平方秒	弧度/秒^2	rad/s^2	功率	瓦特	瓦	W
频率	赫兹	赫	Hz	体积流量	立方米每秒	米^3/秒	m^3/s
密度	千克每立方米	千克/米^3	kg/m^3	质量流量	千克每秒	千克/秒	kg/s
力、重量	牛顿	牛	N	表面张力	牛顿每米	牛/米	N/m
动量	千克米每秒	千克·米/秒	kg·m/s	摄氏温度	摄氏度	摄氏度	℃
力矩	牛顿米	牛·米	N·m	熵	焦耳每开尔文	焦/开	J/K
角动量	千克平方米每秒	千克·米^2/秒	kg·m^2/s	放射性强度	贝可勒尔	贝可	Bq
转动惯量	千克平方米	千克·米^2	kg·m^2	吸收剂量	戈瑞	戈	Gy
压强	帕斯卡	帕	Pa	等效剂量	希沃特	希	Sv

附表 4　与国际单位制并用的单位

名称	符号	相当国际单位的值	名称	符号	相当国际单位的值
分	min	1 分 =60 秒	原子质量单位	U	1 原子质量单位 =1.660 585 5×10^{-27} 千克
时	h	1 时 =3 600 秒	居里	Ci	1 居里 =37 吉贝可
升	L	1 升 =1 分米^3=10^{-3} 米^3	伦琴	R	1 伦 =0.258 毫库 / 千克
吨	t	1 吨 =10^3 千克	拉德	rad	1 拉德 =0.01 戈
电子伏特	eV	1 电子伏 =1.602 189 2×10^{-10} 焦	雷姆	rem	1 雷姆 =0.01 希

附表 5　国际单位制词冠

倍数与分数	词冠名称	中文符号	国际符号	倍数与分数	词冠名称	中文符号	国际符号
10^{12}	太拉	太	T(tera)	10^{-2}	厘	厘	c(centi)
10^9	吉咖(千兆)	吉(千兆)	G(giga)	10^{-3}	毫	毫	m(milli)
10^6	兆	兆	M(mega)	10^{-6}	微	微	μ(micro)
10^3	千	千	k(kilo)	10^{-9}	纳诺(毫微)	纳(毫微)	n(nano)
10^{-1}	分	分	d(deci)	10^{-12}	皮可(微微)	皮(微微)	p(pico)

附表 6　电磁学国际单位

量	名称	符号 中文	符号 英文	量	名称	符号 中文	符号 英文
电荷面密度	库仑每平方米	库仑 / 米^2	C/m^2	电导	西门子	西	S
电荷体密度	库仑每立方米	库仑 / 米^3	C/m^3	电导率	西门子 / 每米	西 / 米	S/m
电场强度	伏特每米	伏特 / 米	V/m	电偶极矩		库·米	C·m
电压、电势(位)、电动势	伏特	伏特	V	电流密度	安培每平方米	安培 / 米^2	A/m^2
电位移	库仑每平方米	库仑 / 米^2	C/m^2	磁场强度	安培每米	安培 / 米	A/m
电量、电通量	库仑	库	C	磁通量	韦伯	韦	Wb
电容	法拉	法	F	磁感应强度、磁通密度	特斯拉	特	T
介电常数(电容率)	法拉每米	法 / 米	F/m	自感、电感、互感	亨利	亨	H
电阻	欧姆	欧	Ω	磁导率	亨利每米	亨 / 米	H/m
电阻率	欧姆米	欧·米	Ω·m	磁矩	安培平方米	安培·米^2	A·m^2

附录二 物理学基本常数

物理量	符号	数值
真空中光速	c	$2.997\ 924\ 58×10^{8}$m/s
引力常量	G	$6.672\ 59×10^{-11}$N·m^{2}/kg^{2}
阿伏伽德罗常量	N_{A}	$6.022\ 136\ 7×10^{23}$/mol
摩尔气体常量	R	$8.314\ 510$J/(mol·K)
玻耳兹曼恒量	$k\,(=R/N_{A})$	$1.380\ 7×10^{-23}$J/K
理想气体在标准情况下的摩尔体积	V_{m}	$22.414×10^{-3}$m^{3}/mol
基本电荷	e	$1.602\ 177×10^{-19}$C
原子质量单位	u	$1.660\ 540×10^{-27}$kg
电子静止质量	m_{e}	$9.109\ 390×10^{-31}$kg
电子荷质比	e/m_{e}	$1.758\ 819×10^{11}$C/kg
质子静止质量	m_{p}	$1.672\ 623×10^{-27}$kg
中子静止质量	m_{o}	$1.674\ 929×10^{-27}$kg
法拉第常数	$F\,(=eN_{A})$	$9.648\ 531×10^{4}$C/mol
真空电容率	$\varepsilon_{0}\,(=1/\mu_{0}c^{2})$	$8.854\ 188×10^{-12}$F/m
真空磁导率	μ_{0}	$4\pi×10^{-7}$H/m
普朗克常量	h	$6.626\ 075\ 5×10^{-34}$J·s
电子磁矩	μ_{e}	$9.284\ 770×10^{-24}$A·m^{2}
质子磁矩	μ_{p}	$1.410\ 608×10^{-26}$A·m^{2}
玻尔半径	$a_{0}\,\left(=\dfrac{\varepsilon_{0}h^{2}}{\pi m_{e}e^{2}}\right)$	$5.291\ 772×10^{-11}$m
玻尔磁子	$\mu_{B}\,\left(=\dfrac{eh}{4\pi m_{e}}\right)$	$9.274\ 015×10^{-24}$A·m^{2}
核磁子	$\mu_{N}\,\left(=\dfrac{eh}{4\pi m_{p}}\right)$	$5.050\ 787×10^{-27}$A·m^{2}